数学思维

[英] 郑乐隽（Eugenia Cheng）—— 著　　朱思聪 张任宇 —— 译

HOW TO BAKE PI

EASY RECIPES FOR
UNDERSTANDING COMPLEX MATHS

中信出版集团 | 北京

图书在版编目（CIP）数据

数学思维 /（英）郑乐隽著；朱思聪，张任宇译
. -- 北京：中信出版社，2020.1（2024.4重印）
书名原文：How to Bake Pi: Easy Recipes for
Understanding Complex Maths
ISBN 978-7-5217-1261-2

Ⅰ. ①数⋯ Ⅱ. ①郑⋯ ②朱⋯ ③张⋯ Ⅲ. ①数学—
思维方法—普及读物 Ⅳ. ① O1-0

中国版本图书馆 CIP 数据核字（2019）第 273061 号

数学思维

著　　者：［英］郑乐隽
译　　者：朱思聪　张任宇
出版发行：中信出版集团股份有限公司
　　　　　（北京市朝阳区东三环北路27号嘉铭中心　邮编　100020）
承 印 者：北京通州皇家印刷厂

开　　本：880mm×1230mm　1/32　　印　　张：11.25　　字　　数：185 千字
版　　次：2020 年 1 月第 1 版　　　　 印　　次：2024 年 4 月第 10 次印刷
京权图字：01-2019-4610
书　　号：ISBN 978-7-5217-1261-2
定　　价：58.00 元

送给

我的父母和马丁·海兰德

纪念

克里斯汀·彭布里奇

有人说，数学是一座美妙的花园。如果不是您的指引，我知道我一定会在花园中迷路。谢谢您带领我们从那最美丽的路径穿过这座花园。

一位学生写给作者的信
芝加哥大学，2014年6月

目 录

范畴论

凝脂奶油

> **配料**
>
> 　　奶油
>
> **方法**
>
> 　　**1.** 将奶油倒入电饭煲。
>
> 　　**2.** 开关调至"保温"档，盖子微微打开，静置约 8 小时。
>
> 　　**3.** 取出后在冰箱中冷藏约 8 小时。
>
> 　　**4.** 用勺子将最上面的一层刮下来——这就是凝脂奶油。

那么，这和数学到底有什么关系呢？

关于数学的迷思

数学是关于数字的科学。

你也许认为电饭煲就是用来煮米饭的。这话没错，但同一个电器也可以用来做其他的事情：做凝脂奶油，煮蔬菜，蒸一只鸡。同样，数学的确关乎数字，但它也关乎很多其他的东西。

数学是关于得出正确答案的科学。

烹饪是关于把各种配料调和在一起，做出美味食物的艺术。有时它更强调的是方法，而不是配料本身，就像做凝脂奶油的食谱一样，配料只有一样，整个食谱讲的是一种方法。数学是关于如何把各种想法组合到一起，创造出令人激动的新想法的科学。同样，有时它更强调的是方法，而不是"配料"本身。

数学是非对即错的科学。

烹饪可能会失败——你的蛋奶糊可能会结块，你的蛋奶酥可能会塌掉，你的鸡肉可能没熟，让每个吃了它的人都食物中毒了。或者，某些食物可能并不会使你中毒，但总有一些食物要比另一些更好吃。有时候，烹饪"失败"了，你却在无意中发明了一种美妙的新食谱：塌掉的巧克力蛋奶酥柔软而绵密；做饼干时忘了把巧克力融掉，结果做出了巧克力豆饼干。数学也是如此。在学校，如果你写下 10 + 4 = 2，你会被告知这是错的，但在某些情况下，这个等式是对的，比如计算时间——上午 10 点过去 4 个小时就是下午 2 点。事实上，数学的世界比你所知道的更加神奇和不可思议……

你是数学家？那你一定非常聪明。

虽然我很喜欢别人说我聪明，但这个迷思更说明了人们普遍认为数学很难。一个许多人不理解的事实是，数学的目的是让事情简单化。这里有个问题——如果数学是为了简化，就说明这件事情一开始是复杂的。数学的确很难，但它也能让复杂的事情变得简单。事实上，正因为数学很难，数学才能让数学变得更容易。

很多人要么害怕数学，要么很容易被数学搞糊涂，当然也可能两者兼具。或者，也有可能是他们在学校里上过的数学课让他们对这一切很反感。我能理解这些，我也曾经对学校里的体育课很反感，并且从未真正克服这一障碍。我在运动方面的表现实在很差，我当时的老师简直难以相信世界上竟然真的存在运动能力这么差的人。但现在我也挺健康的，甚至还参加了纽约马拉松的比赛。至少现在，我体会到了体育锻炼的好处，但我仍然害怕任何一种团队性的体育项目。

你究竟是怎么做数学研究的呢？你也不可能再发现一个新的数字了啊！

这本书就是我对这个问题的回答。如果我正身处一场鸡尾酒会，而有其他人向我提出了这个问题，那我只能说我很难给出一个言简意赅又不失新意的答案，这个答案要么因为太长而占用听者太多的时间，要么因为太出乎意料而吓到旁边的人。是的，在一场正式的宴会上，吓到别人的方法之一就是谈论数学。

没错，你的确不可能再发现一个新的数字了。那我们能在数学里发现什么新东西呢？在解释这个"新的数学"是什么之前，我需要先澄清一些关于数学是什么的误解。事实上，对于整体意义上的数学，数字只占据其中的一小部分，而我将要讲述的这个数学分支甚至和数字一点儿关系都没有。这个分支叫作"范畴论"，可以被理解为"关于数学的数学"。它是关于关系、情境、过程、原理、结构、蛋糕和蛋奶糊的。

是的，甚至是关于蛋奶糊的。因为数学是关于类比的，而接下来我将用各式各样的类比来解释数学是如何运作的，包括蛋奶糊、蛋糕、派、松饼、甜甜圈、贝果面包、蛋黄酱、酸奶、千层面和寿司。

不管你认为数学是什么，现在，请暂时放下你的想法。

我将给你一个与众不同的答案。

√1̅ 数学

1

什么是数学？

 无麸质巧克力布朗尼

配料

115 克黄油　125 克黑巧克力　150 克糖粉　80 克土豆粉
2 个中等大小的鸡蛋

方法

1. 将黄油和巧克力融化，一起搅匀，然后冷却一会儿。
2. 将加入糖的蛋液打发。
3. 缓缓将巧克力倒入蛋液中。
4. 倒入土豆粉。
5. 将混合液体倒入单独的几个小号模具中，将烤箱温度调
   至 180°C 预热，然后放入模具，烤大约 10 分钟（或者根
   据你喜欢的熟度调节时间）。

数学，就像食谱一样，包含配料和方法。同样，就像食谱如果
不谈论方法会变得无用，如果我们不谈论数学的研究方法，而只讨
论数学的研究对象，我们就无法理解数学究竟是什么。碰巧，在上
述这个食谱里，方法很重要——我们没法儿直接用一个很大的托盘
成功地烤出布朗尼，我们必须要用小号模具。在数学里，方法也许
比配料更重要。真正的数学很可能并不是你在学校的数学课上学到

的东西。不过，就我自己而言，我似乎一直都知道数学的内涵要比我们在学校学到的那些更丰富。那么，什么是数学呢？

食谱书

按照所需厨具来给食谱分类会怎样？

做饭的流程通常类似于这样：决定你想做什么，买原材料，然后着手烹饪。有时，步骤的顺序会发生颠倒：你在商店或市场里闲逛，看到一些不错的食材，想要用它们来做饭。也许是某种格外新鲜的鱼，也许是一种你从未见过的蘑菇。你先把它们买回家，然后才开始查可以用它们做什么菜。

偶尔，你遇到的情况可能会与上述这两种完全不同：你买了一个新的厨具，于是你想用这个厨具做所有它能做的美食。也许你买了一台搅拌机，于是突然之间，你便开始做汤、奶昔、冰激凌。你可能还试着用它做了土豆泥，但结果很不理想（成品看起来就像一罐胶水）。也许你买了一只慢炖锅，或是一只蒸锅，或是一个电饭煲。也许你刚刚学会了一种新的烹饪技术，比如分离蛋清和蛋黄，或是给黄油脱水，于是你想用你的新技术做尽可能多的事。

因此，我们有两种方法来烹饪，而其中一种看起来要更实用。大多数烹饪书都是根据菜品的性质，而不是烹饪方法来归类的：一章介绍前菜，一章介绍汤品，一章介绍鱼类的做法，一章介绍肉类的做法，一章介绍甜品，等等。有时，书里可能会有一章专门讲解某种配料的使用，比如专门介绍巧克力类甜点的食谱或蔬菜类的食谱等。有时，书里可能还会有一章专门介绍特殊场合的烹饪食谱，比如圣诞节午宴。但如果书里有一章是关于"用到橡胶刮铲的食谱"或者"用到手动打蛋器的食谱"的，那么这本书看起来就太奇怪了。不过，厨具本身通常都会自带一些可以用到此工具的简单食谱，搅拌机会自带搅拌机食谱，慢炖锅和冰激凌机也同样如此。

这与做学术研究的研究对象颇具异曲同工之处。通常，当你说起你所研究的课题时，你会根据你的研究对象是什么来描述它。也许你研究的是鸟类、植物、食物、烹饪、理发，或者是过去发生的事，又抑或是社会如何运转。一旦你决定了想要研究什么，你就需要学习研究它的方法，或是自创一些研究方法，就像在烹饪中学习打发蛋白或是给黄油脱水一样。

然而，在数学领域，我们所研究的对象本身就取决于我们使用的研究方法。这就类似于我们买了一个搅拌机，然后决定用它做各种美食这种情况。与其他学科相比，数学的研究过程可以说是逆向的。通常而言，是我们的研究对象决定我们的研究方法；是我们先决定晚饭想吃什么，然后再选用合适的厨具。但是，当我们因新买的搅拌机而心情激动时，我们就会想试试用它来做我们所有的饭菜。（至少，我就见过这么做的人。）

这多少有点儿像"先有鸡还是先有蛋"的问题。但我的论点是，数学是由它的研究方法来定义的，而它的研究对象则是由那些研究方法决定的。

立体主义

当风格影响内容的选择时

用研究方法给数学分类与艺术流派的分类十分相似。诸如立体主义、点彩画派、印象派这些流派都是依据作画方法，而不是依据作画内容来划分的。芭蕾和歌剧也是如此，其艺术形式是根据表达方式划分的，而主题内容通常是有固定范畴的。芭蕾很适合抒发情感，但并不那么适合描述对白，也不适合表达政治诉求。立体主义显然不适合描绘昆虫。交响乐适合表现大喜大悲，但并不适合传达如"请把盐递给我"这样的寻常信息。

在数学里，我们使用的方法是逻辑。我们只想使用纯粹的逻辑推理，而非使用实验、实证、盲信、希望、民主、暴力等种种途径。仅仅是逻辑。那么，我们研究的对象是什么呢？我们研究所有符合逻辑规则的事物。

数学是运用逻辑规则，对所有符合逻辑规则的事物进行的研究。

我承认这是一个过分简化的定义。但我希望，在读了本书更多内容以后，你会明白这个定义就它本身而言已经足够准确了，它正是一个范畴论数学家会给出的定义，而非像第一眼看上去那样是个循环论证。

谁是首相
用它是做什么的来描述事物

　　设想有人问你"谁是首相"，而你回答说"他是政府首脑"。这个答案没错，但并不能让人满意，因为它没有正面回答问题：你描述了首相的性质，但没告诉我们首相是做什么的。同样，我刚刚对于数学的"定义"也描述了数学的特点，但并没有告诉你它是做什么的。因此，这个定义可能不是很有帮助，或者至少不太全面——不过，这只是了解数学的开始。

　　我们可以说清楚数学是什么，而不是数学像什么吗？数学到底研究什么？它的确研究数字，但也研究其他东西，比如形状、图像和模式，以及肉眼看不到的——富有逻辑的想法。甚至还有更多：那些我们目前还不知道的东西。数学持续发展的原因之一就是，一旦你掌握了一种方法，你总能找到更多可以用它来研究的对象，然后你又能找到更多研究这些对象的方法，再然后你又能用新方法找到更多可以研究的对象，如此循环往复，就像鸡生蛋，蛋生鸡，鸡生蛋……

山脉
登上一座山能让你看到更高的山

　　你是否有过这种体验——登上一座山的顶峰，发现的却是比它更高的所有其他山峰？数学也是如此，它越发展，可供研究的对象就越多。此事的发生一般伴随着两种过程。

第一种是"抽象化"：我们用逻辑梳理清楚了本来没有逻辑存在的领域。打个比方，可能你原本只用电饭煲煮米饭，而有一天，你发现你也可以用它来烤蛋糕，而且用电饭煲烤出来的蛋糕和用传统烤箱烤出来的蛋糕只有一点点不同。换句话说，我们借助一种新的视角来看待原本不是数学的事物，从而将其变为数学。这就是 x 和 y 会出现在数学领域的原因——我们原先的目的是研究数字，但后来我们发现此种处理数字的方法也可以应用到其他领域。

第二种是"广义化"：我们明白了如何用我们已经理解的事物来建构更复杂的事物。这就好像你用搅拌机做了一个蛋糕，又用搅拌机做了酥皮，然后把两者堆叠起来，创造出一种新的甜点。在数学领域，这就等同于用比较简单的数字、三角形和日常生活中的事物来建构多项式、矩阵、四维空间等。

我会在接下来的几章探讨抽象化和广义化这两种过程，但首先我想请读者看一看数学是如何奇妙又怪异地实现这两个过程的。

鸟类

鸟类不等于鸟类研究

假设你是一个研究鸟类的专家。你研究鸟类的行为、饮食、求偶方式、育幼方式以及它们怎样消化食物，等等。然而，你永远不可能用更简单的鸟类来创造一种新的鸟类——鸟类不是这样创造出来的。在这件事上，你不能使用广义化，至少不能使用数学的广义化。

另一件你无法做到的事情是把不是鸟类的东西变成鸟类。鸟也不是这样创造出来的。所以你也没有办法使用抽象化。有时，我们也会发现自己犯了分类的错误，需要对此进行修正，比如把雷龙"变为"一种迷惑龙，但那只是因为我们意识到了雷龙是迷惑龙属的一种，而不是真的把前者变成了后者。我们不是魔术师，不能把一件东西变成另一件东西。但在数学里，我们可以这样做，因为数学研究的是关于事物的想法，而不是真实事物本身。因此，我们只需要改变自己头脑中的想法，就可以改变我们的研究对象。通常，这意味着改变我们对某种事物的看法，改变我们的视角，或是改变我们描述的方式。

一个数学上的例子是绳结，如下图所示。

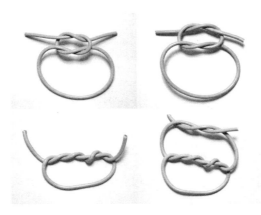

在 18 世纪和 19 世纪，范德蒙、高斯和其他一些数学家想出了如何用数学的方式来看待绳结，这样他们就可以用逻辑规则来研究绳结了。

这个方式就是，想象把一根绳子的两端粘在一起，使其成为一个封闭的环。虽然这样一来，绳结没有胶水就做不成了，但这也让数学家能更方便地研究它。每一个绳结都可以用三维空间里的一个环来表示。在拓扑学里，研究这种问题的方法有很多，对此我们稍后会加以讨论。总之，这样一来，我们不但可以对真正存在的绳结进行种种推断，还可以研究那些在宏观世界中不成立，但在微观世界的分子结构中真实存在的"结"。

关于将"真实"世界中的事物转化为"数学"世界中的事物，几何图形是另一个更为古老的例子。

数学的发展可以说经历了以下几个阶段：

1. 它起源于对数字的研究。
2. 人们想出了一些方法来研究这些数字。
3. 人们意识到，这些方法也可以用来研究其他事物。
4. 人们四处寻找其他可以用这些方法来研究的事物。

其实还有一个步骤 0，位于数字诞生以前：有人发明了数字这个概念。数字可以说是数学中可以研究的最基本的东西，但数字并不是一开始就有的。也许，数字的发明就是最早的抽象化过程。

接下来我要讲的故事是关于抽象的数学的。我想说的是，它的力量和美丽并非体现在它所提供的答案和它所解决的问题上，而在于它对人的启蒙，它带来的照亮世界的一束光。正是这束光让人看得更加清楚，而由此，我们便迈出了认识周围世界的第一步。

2　　　　　　　　　　　　　　　抽象

 蛋黄酱或者荷兰酱

配料

　2 个蛋黄

　300 毫升橄榄油

　调味料

方法

1. 用手动打蛋器或手持搅拌器搅拌蛋黄和调味料。

2. 非常缓慢地滴入橄榄油，一边滴一边搅拌。如果是做荷
　兰酱，则需要用 100 克融化的黄油代替橄榄油。

在一定程度上，蛋黄酱和荷兰酱是一样的——它们的制作方法
一样，只是加入蛋黄液的油脂类型不同。在两种制作过程中，蛋黄
都发挥了奇妙的魔力，使得成品变得香浓滑腻。成品逐渐成形的过
程就像魔法，我怎么看都看不厌。

蛋黄酱和荷兰酱的相似之处就是数学寻找的那类事物：一些大
体相似，只有微小细节不同的事物。这是一种省力的做法，因为你
可以一次性学会做几件事。烹饪书也许会告诉你，制作荷兰酱需要
使用一种不同的方法，但我总是置之不理，以便让我的生活更简单
一些。数学也是如此，通过寻找除了微小细节外其他大体一致的事

物来达成简化的目的。

派
抽象作为蓝图

　　农舍派、牧羊人派和渔夫派三者大同小异，唯一的不同就是土豆泥下面的馅料。各类奶酥也是如此，做不同的奶酥并不需要不同的食谱，你只消学会做奶酥皮，然后把你喜欢的水果放进模具作为馅料，再把奶酥皮放在上面一起烘焙即可。

　　我的另一个最爱是倒置蛋糕。在烘焙倒置蛋糕的时候，你需要把水果放在模具底层，再把蛋糕预拌粉倒在上面，烤好以后把蛋糕整个倒过来，这样水果就在上面了。为了让蛋糕更美味，你也可以在放水果前在模具底层涂上一层加了红糖的融化的黄油，这样你就能为水果蛋糕增添一丝焦糖风味了。当然，一些水果比另一些水果更适合这种做法，比如香蕉、苹果、梨和李子。葡萄不是很适合。西瓜则完全不适合。对奶酥来说也是如此。西瓜奶酥？还是算了吧。

　　咸味派的制作方法也差不多。先烤好空的饼皮，放进你喜欢的馅料，再放进搅拌好的鸡蛋和牛奶（或奶油），整个放进烤箱烤制一下——完成。馅料可以是奶酪培根、鱼、蔬菜，任何你喜欢放的食材。

　　上述所有的"食谱"都并非真正完整的食谱，只是蓝图或框架。你可以加入你自己选择的水果、肉类或其他馅料来制作不同的成品，当然，你需要从那些适合做馅料的食物里选择。

数学也是如此。数学致力于寻找事物的相似之处，由此，对于很多不同的情况，你只需要一个"食谱"就可以应付了。关键在于你要先忽略一些细节，让事物变得更容易理解，在这之后，你可以考虑重新加入额外的变量。这就是抽象化的过程。

就像西瓜奶酥一样，当你提取出那份经过抽象化的"食谱"之后，你可能会发现它并不能应用于所有的"食材"。但至少你可以用它进行各种尝试，而且有些时候，看起来完全不相干的事物也可能适用于同一份食谱。

思考一下等边三角形的对称：

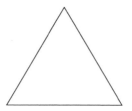

等边三角形既是轴对称图形，也是旋转对称图形。那么，除了把三角形剪下来折一折、转一转以外，我们还有别的方法可以描述它的对称性吗？

有一个办法是把三个角分别标为 1、2 和 3，如下图所示：

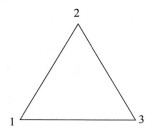

　　然后，我们就可以讨论这些数字可以如何交换位置了。比如，如果我们以一条中垂线为轴翻转三角形，那么数字 1 和 3 就交换了位置。如果我们把这个三角形顺时针旋转 120°，那么数字 1 就会被转到数字 2 之前的位置，数字 2 就会被转到数字 3 之前的位置，数字 3 就会被转到数字 1 之前的位置。

　　你会发现，等边三角形的 6 种对称方式精准地对应了数字 1、2 和 3 的 6 种位置交换方式。等边三角形的三种轴对称，分别对应了数字 1 和 3、1 和 2、2 和 3 的换位。等边三角形的三种旋转对称则是：顺时针旋转 120° 后与原三角形重合，顺时针旋转 240° 后与原三角形重合，以及旋转 360° 后与原三角形重合。

　　该例表明，抽象上来看，一个等边三角形的对称问题与数字 1、2 和 3 的排列问题相同，因此，我们可以同时研究这两个问题。

杂乱的厨房
抽象就是收起你不需要的东西

　　抽象就像在准备烹饪时把你暂时不需要的厨具和配料收起来，这样厨房就不会显得那么杂乱。换句话说，抽象就是把你目前不需要的想法收起来，这样你的大脑就不会那么杂乱。

　　你更擅长的是清理自己的厨房还是清理自己的大脑？（我个人肯定更擅长后者。）抽象是数学研究的重要的第一步。这也是一个会让你感到有些不适的步骤，因为它让你离现实远了一些。我从来不把食品加工机收起来，因为移动它很麻烦，而且我想确保在我想用的时候随时可以使用它，而不必大费周章地把它从碗橱里拿出来。也许在大脑中进行的抽象过程对你来说就与此类似。

　　看看下面这个问题：

　　　　　　我买了两张邮票，每张 36 便士。我一共花了多少钱？

　　这种会出现在小学课堂中的问题，也被称作"文字题"（word problem），因为它是用文字来表述的。孩子们会被告知，解这种题的第一步就是把这道文字题转化为数字和符号：

$$36 \times 2 = ?$$

　　这就是一种抽象的过程。我们丢弃了，或者说忽略了我们要买的是邮票这件事，因为这与解题无关。邮票也可以替换为苹果、香蕉、猴子……而我们要计算的总和是一样的，解也一样：72 便士。

那么下面这道题呢？

　　我父亲的年龄现在是我的年龄的 3 倍，10 年以后，他的年龄将会是我的年龄的 2 倍。那么，我现在的年龄是多少岁？

或者这道题：

　　我有一个 6 英寸① 蛋糕的食谱，其中写明了覆盖蛋糕的顶部和侧面总共需要用到多少克糖霜。那么，覆盖一个 8 英寸蛋糕的顶部和侧面需要用到多少克糖霜呢？

　　对于那道关于邮票的题目，你大概不需要写下计算过程就可以得出结果，因为答案非常显而易见。但要解答后面两个问题，你可能就需要进行一些抽象化的工作，你需要忽略诸如父亲、蛋糕、糖霜这些细节，写下包含数字和符号的计算式。在本章的后面部分，我们会揭晓这两道题的答案。

甜食
太真实的事物不遵循数学规律

　　如果你曾经试过教小朋友学算数，你可能用过如下这个例子。你试着让他们解决这个实际生活中的问题：

_____

①　1 英寸 ≈ 2.54 厘米。——编者注

如果奶奶给你 5 颗糖，爷爷又给你 5 颗糖，你一共有几颗糖？

而孩子可能会回答说："一颗都没有，因为我把它们都吃完了！"

这里的问题在于，糖并不遵从逻辑规则，所以用数学来研究它们不管用。我们可以强迫糖遵从逻辑吗？比如，我们可以给这个例子增加一条额外的规定："……并且你不能吃这些糖。"但如果不让孩子吃糖，那么糖的意义何在？我们可以把糖视为某种"东西"而不再是糖。我们丢掉了一些现实性的细节，却获得了新的视角和更高的处理效率。数字的好处在于，我们可以研究"东西"，并且不必因为"东西"自身属性的不同而改变我们的思考路径。一旦我们明白 2 + 2 = 4，我们就知道了两个东西加上另外两个东西会变成四个东西，不管这些东西是糖、猴子、房子还是别的什么。这就是抽象的过程：把糖、猴子、房子或别的什么，变成数字。

数字是如此的基本，我们很难想象没有它们的生活，也很难想象发明它们的过程。当我们数数的时候，我们甚至都没意识到自己已经在使用抽象思维了。看小孩子们努力地学算数会让你更容易意识到这件事，因为孩子们尚未适应这一从具体到抽象的跨越。

点兵点将

数字作为一种抽象形式

我曾经在一所小学里帮忙教课，在那里，我认识了一位精力充沛的孩子妈妈。她也在那所学校帮忙。她告诉我，当别的妈妈骄傲地宣称她们的孩子可以数到 20 或 30 时，她会感觉很沮丧。但她会立即这样反驳："我儿子只能数到 3，但他明白 3 到底是什么意思。"

她说的有道理。

当一个孩子刚开始"学着数到 10"的时候，他们所做的不过是学着背一首小诗，像是"小小蜘蛛儿，爬上排水管……"一般。只不过，这首小诗是这样写的：

"1，2，3，4，5，6……"

之后他们会意识到，这首诗和指东西有关，于是他们便开始随意地一边指东西，一边背这首"诗"。

再然后，他们意识到他们应该在背这首诗的时候，每念一个字，就指着一样东西，但他们很难确保每样东西只被指过一次。所以当大人问"这幅图里有几只鸭子"的时候，他们每次的回答都会不同。他们也可能会认定某一个数字，比如 6，然后把所有东西都数成 6 个，也不管鸭子到底有几只。

最后，他们意识到他们要把这首诗里的每一个字都精准地对应上一样东西，一字一物，不多不少。直到此时，他们才真正学会数数。这就是一种抽象化的过程，而且是一种出奇深奥的抽象化过程。

试想一下做买卖但不会数数的情景。"嘿，你的每一只羊，我都用一袋谷子来交换。"然后你就得去把谷子和羊群一一对应排列在一起，以确保每只羊确实都换到了一袋谷子。后来你发现，在面对一群羊和好几袋谷子的时候，一边指着羊或谷子一边有韵律地背一首小诗会更方便。这首诗可以是关于任何内容的，只要你在指着羊和谷子的时候背的是同样的诗即可。它甚至可以是"点兵点将"（"Eeny meeny miny moe"）这样毫无意义的诗。

最后，你创作了一首各方面都很合适的诗，并在每次做买卖的时候都坚持使用这首诗，一劳永逸地解决了所有的问题。于是突然间，你创造了数字。这就是我们在"学习数数"的过程中不曾留意的抽象化过程。由此我们也知道了，简单地学习背诵"1、2、3、4……"这首诗与理解如何用它来数数是截然不同的两件事。

婴儿和洗澡水
小心别扔掉太多

每个人都知道，婴儿和洗澡水不能一起倒掉。当我们到处简化和理想化我们的问题情境时，我们必须很小心地避免过度简化——我们不能把研究对象简化到让它们失去了其所有有用的特性。比如，当我们在搭乐高积木时，我们可以忽略它们的颜色，但我们不能忽略它们的大小，因为积木的大小会影响我们具体要怎么搭。但如果我们只是用乐高积木来数数，那么尺寸就是可以忽略的。

决定忽略哪些特点主要取决于我们讨论的情境。这个重要的话题我们之后会再来探讨。对于范畴论而言，情境非常重要。

> 假设你要规划 100 人的出游活动，为此你需要租几辆小巴。已知每辆小巴可以坐 15 人，那么你一共需要租

多少辆小巴呢？简单来说，你需要计算的是：

$$100 \div 15 \approx 6.7$$

而得到这一结果后，你还要进一步考虑具体的情境：你不可能租 0.7 辆小巴，所以为了将所有人包括在内，你需要将结果"五入"为 7 辆小巴。

那么再看看这个情境。你想给朋友邮寄一些巧克力，一张平信邮票最多可以用来寄 100 克物品。已知每块巧克力是 15 克，那么你一共可以寄多少块巧克力呢？同样，你需要计算的是：

$$100 \div 15 \approx 6.7$$

你得到了同样的结果，但这次的情境与上一次不同：你不可能寄 0.7 块巧克力，所以为了不超出预算，你需要将结果"四舍"为 6 块巧克力。

心碎
抽象作为简化

曾经，在经历了一次令我心碎的悲惨事件后，我好心的朋友们为了能更好地"理解"我，开始不断地询问我各种关于此事的细节，而这一举动只让我感到越来越厌烦。最后，一个聪慧的朋友对我说："其实这件事很简单。你失去了你所爱的某样东西。"这就是任何人需要知道的关于此事的情况。然后，她成功地将我的注意力转移到探讨将事物简单化而非复杂化是一项多么明智的行动，即便有些人会觉得这样做让你看起来很蠢。"简单化"和"过度简化"有一个微妙的差别：后者意味着你想错了，而且忽略了重要的问题。

那位朋友的智慧就是一种抽象，她将心碎的本质提炼出来了。看上去，抽象好像会带着你逐步远离现实，但实际上，它会带领你逐步贴近事物的本质或核心。要抵达核心，你就必须剥离衣服、皮肉和骨头。

路标
抽象作为对事物理想模式的研究

路标也是一种抽象形式。它们并不会为你细致地描绘路途中可能出现的各种情境，而是会描绘一种理想化的情境，并凸显该情境的核心特征。比如，不是所有的弓形桥都长成下面这样：

但这个路标概括出了弓形桥的本质特征。同理，不是所有过马路的孩子都长成下面这样：

但此类简化的优点是显而易见的。当你在开车的时候，看懂路标比读懂一句话要快得多；而且，路标也能让不熟悉当地语言的外国人更容易理解。而路标的缺点是，在你刚开始学习开车的时候，你必须先弄懂种种稀奇古怪的路标都是什么意思。总有一些路标要比另一些路标更容易看懂。比如下图左边这种就比右边这种贴近现实许多：

上图右边这个"禁止入内"的路标就非常抽象。它看起来完全不像它所代表的意思。（"禁止入内"看起来应该像什么样子呢？）但在现实生活中，它的作用更重要——你在你的驾驶生涯中遇到的"禁止入内"的路标想必要远多于"有鹿出没"的路标。

数学的抽象化过程的弊端之一就是，你需要用到一大堆稀奇古怪的符号。其原因与上述情况类似：一旦你明白了这些符号的意思，它们使用起来就会变得很方便，从而你可以将更多的脑力集中用于攻克更为复杂和重要的数学问题。符号的使用也使数学可以跨越语言——你可能会惊讶地发现，读一本用某种你不懂的外语写成的数学书并没有那么困难。

数学里最为基本的"古怪符号"就是我们经常见到的运算符号：+、−、×、÷、=。一旦你熟悉了这些符号，读懂"2 + 2 = 4"就会比读懂"二加二等于四"简单、快捷许多。而当你所学到的数学越来越复杂，其所涉及的符号也会变得越来越复杂，就比如下面这些：

$$\Sigma, \int, \oint, \otimes, \Leftrightarrow, \Box\cdots\cdots$$

我不打算解释这些复杂符号的意义，我只是想举个例子。就像路标一样，以符号为主要语言的数学一开始看上去的确很难理解，但长远来看，符号起到了重要的简化作用。

谷歌地图
用地图指导现实的困难

读懂地图为什么不容易？看懂地图不难，难的是将地图与实际路况一一对应，让地图发挥效用。地图是对现实的抽象，它选择了现实的某些方面进行描述，为的是让你更容易找到你要找的地方。在实际应用中，困难存在于抽象与现实之间的转化，也就是在地图和你要找的地方之间建立联系。

　　谷歌地图提供了一种将抽象转化为现实的便捷之路，它是通过谷歌街景和全球定位系统实现的。通常，在地图使用中，最难弄明白的是：

　　你在哪里？

　　你面朝什么方向？

　　这两点是地图和现实之间的重要连接点。全球定位系统能帮你弄清楚你在哪里，而谷歌街景则能为你提供一张关于你所在之地的现实场景照片，让你弄清楚自己面朝什么方向。

　　数学也必须经由这几个步骤来实现。首先，你需要提炼现实。然后，你需要在抽象的世界进行逻辑推理。最后，你需要把这些抽象的东西再应用到现实中去。不同的人擅长这个过程中的不同步骤。整个过程最核心的部分就是游刃有余地在抽象和现实之间穿梭，而要做到这一点，就必须先有人来画一张地图。

　　比如，你有一个8英寸方形蛋糕的食谱，而你现在想做一个圆形蛋糕。那么，你应该使用什么尺寸的圆形模具呢？首先，你需要将这个实际生活问题抽象化为数学语言：我们想找到一个与这个已知的正方形（$8 \times 8 = 64$）面积相同的圆形。圆形的面积是 πr^2，r 是半径。如果我们用 d 来表示圆形的直径（因为蛋糕模具的大小通常是用直径而非半径来表示的），那么我们就需要此直径满足：

$$\pi = \left(\frac{d}{2}\right)^2 = 64$$

现在，我们需要进行逻辑推理，用代数运算来确定 d 是多少。（就整个问题解决过程而言，只有这一步涉及真正的数学。）

$$\left(\frac{d}{2}\right)^2 = \frac{64}{\pi}$$

$$\frac{d}{2} = \sqrt{\frac{64}{\pi}}$$

$$d = 2 \times \sqrt{\frac{64}{\pi}}$$

$$\approx \pm\, 9.028$$

最后，我们需要把得到的结果应用到现实中去。首先，我们不需要那个负数解，因为我们在讨论的是蛋糕模具，所以解必须是正数。其次，我们不需要那么多小数点，因为蛋糕模具的尺寸通常是用整数来表示的。综上所述，我们需要的那个现实答案是 9 英寸的圆形蛋糕模具。

数学以及使用地图的关键就在于针对不同情境进行不同程度的抽象。当你在看某条街的地图时，你需要地图显示出这条街上所有楼房的照片吗？你需要知道哪里有草地，而哪里没有吗？答案取决于你准备用地图来做什么，对于不同的情况，你需要的地图也不一样。如果你在开车，你就需要知道哪些路是单行道，但如果你在步行，这条信息就不重要了。在数学里也是如此，不同的情境需要不同程度的抽象。

数字 1 是什么？回答这个问题有两种方法，它们分别是两种不同程度的抽象。

第一个回答：1 是数数的基本单元。

第二个回答：1 是唯一一个其他数字乘以它之后不会发生变化的数字。

这两个答案在不同的情境下都是有意义的。当我们需要做加法的时候，第一个答案就很有用；在数学里，这个答案相当于将数字定义为一个"群"——一个我们可以做加法的世界。而当我们想讨论乘法的时候，第二个概念就很有用了；这个答案相当于将数字定义为一个"环"——一个我们既可以做加法也可以做乘法的世界。关于群的研究与图形的对称性相关，关于环的研究与图形的其他几何学特性有关。我们稍后会继续讨论这个问题。

不合适的地图会让人沮丧，因为它们不是太具体就是太不具体。（比如，我就不喜欢那些会显示楼房三维照片的地图，它们太过具体，会阻碍人们分辨街道的走向。）

在数学中也是如此。如果你把某种过于复杂的数学概念或方法应用到一个并不真正需要它的情境中，你就会觉得这种数学概念或方法毫无意义。这就好比用杜威十进制分类法来给你仅有的 20 本书归类一样。

跳高
抽象的跳高

　　我上学的时候很不擅长跳高。当然，我早就说过自己不擅长各种运动，但跳高是我尤其不擅长的一项，我甚至跳不过最矮的那根杆。问题是，没有人教我怎么才能跳过最矮的那根杆。我记得班上的一部分同学好像天生就会跳，而其他不会跳的人则被告知再试一次，再试一次，再试一次。但是当你在众人面前反复几次碰掉横杆的时候，你会忍不住失去希望并放弃尝试。

　　思考越来越抽象的概念与跳高多少有些类似。你必须跳过被放置得越来越高的横杆。而如果在最开始没有人给你解释如何才能跳过去的话，你就会一直碰掉横杆，直至放弃尝试。不同的人会在不同的"高度"达到自己的抽象极限，就像在跳高中，横杆每提高一次就会有一部分人失败退出。

　　从具体事物到数字的抽象对许多人来说并不困难，他们甚至都没有意识到自己进行了这样的抽象转换。让不少人觉得难以逾越的第一道横杆很可能是从数字到变量 x 和 y 的转换。他们不会进行这种转换，也不理解这种转换的意义，因此他们在数次失败的尝试后选择了放弃。（就像我始终不理解跳高的意义一样。但现在，我明白了背越式跳高是一种能使你的身体以一种优雅的姿态越过横杆的有效方式。如果当时有人告诉我，完成一次跳高甚至不需要让你的身体重心越过横杆，我应该会对跳高更感兴趣。）

　　另一个很多人在学习数学的过程中会遇到的瓶颈是微积

分——一种全新的、奇怪的，甚至可以说是狡猾的运算和推理"无穷小"的事物的方法。一部分人通过了严格微积分的考试，但仍然不幸在数学本科阶段或博士阶段遇到了瓶颈。

大多数人只会在大学的数学课上学到严格微积分。人们认为它难，是因为它不符合人们通常所理解的数学——确切地描述及阐释事物并给出高度确定性的答案。

中学里的微积分通常会用于解决某些具体问题，比如："如果你画出了 $y=x^2$ 的函数图像，那么 $x=0$ 到 $x=2$ 之间曲线下阴影部分的面积是多少？"

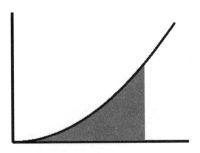

在中学里，老师会教我们这样求解："对 x^2 进行积分后得到 $x^3/3$，然后代入 $x=2$，得出解为 8/3。"

但在大学里，我们需要做的是证明这个计算过程的有效性。在中学，我们通常会用一种实验性的方法给出证明，即在小方格纸上画出函数图，再数一数阴影部分有多少个小方格。因为总会有一些小方格没有被阴影填满，所以只有当小方格无穷小的时候，我们才能得出真正精确的答案。

严格微积分将计算阴影面积的论证过程纳入滴水不漏的逻辑分析，这反而让人们更加困惑，因为它没有以人们期待的那种方式给出一个确切的答案。相反，它给出的回答是：画着无穷小的小方格的纸是不存在的，因此当我们用方格越来越小的纸画函数图时，我们会发现阴影面积的数值越来越接近 8/3。进而我们可以证明，无论我们希望这个数值有多接近 8/3，总有一个尺寸的小方格可以满足我们的要求。

资深的数学学者可能会遇到的一个抽象瓶颈则是范畴论。他们遇到这个困难时的反应就和中学生遇到 x 和 y 时的反应一样——他们不理解为什么要这么做，并且拒绝进一步的抽象。每到这时，我就会想起约翰·拜艾兹（John Baez）教授在国际范畴论论坛上谈到抽象时提出的观点：

如果你不喜欢抽象，那你为什么还要研究数学呢？也许你该去金融行业，毕竟，那里所有的数字前面都有一个美元符号。

目前来看，我暂时还没有遇到我无法突破的抽象瓶颈，但我仍然记得我曾遇到过的几次重大挑战，在那些时刻，我总觉得自己必须奋力一搏才能越过面前的横杆。

从数字到图像

我母亲教会了我如何画 x^2 的函数图，就像这样：

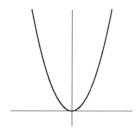

我清晰地记得自己对于数字的取平方过程竟然可以转化为一个曲线图像这件事的极度困惑。我坐在家里的绿色大扶手椅上想啊想，想到我的大脑都快要从头骨里面跳出来了。在我的记忆里，这就是我每一次在做研究时遇到一个很难理解的数学概念时的真实感受。

从数字到字母

我很擅长解包含变量 x 的方程式，比如：

$$2x + 3 = 7$$

我知道我可以将这个方程式进行如下变换：

$$2x = 7 - 3$$

$$= 4$$

$$x = \frac{4}{2}$$

$$= 2$$

然而，当我第一次遇到一个包含 a、b 和 c 而非数字的方程式时，例如：

$$ax + b = c$$

我清晰地记得自己完全想不出来该怎样解出这个方程式的 x 等于多少，因为我根本无从知道 a、b 和 c 分别是多少。我知道应该在等式的两边同时减去 b，但我不知道减去 b 之后，等式的右边该写什么。我还记得，当有人告诉我等式的右边应该是 $c - b$ 的时候，我感觉自己好傻。为什么我就没想到这个答案呢？所以，这个方程式的解是：

$$x = \frac{c - b}{a}$$

就像我总跟我的学生们说的那样，当你因为之前没有搞懂一件事而觉得自己很傻的时候，这种心情恰恰说明，你现在比当时更聪明了。

从数字到关系

我印象中最近的一次突破抽象瓶颈，是我刚开始学习范畴论的时候。为了叙述的完整性和趣味性，我还是先来说明一下这个抽象概念是什么吧——"只包含一个对象的范畴就是幺半群"。尽管笑吧，但这就是当时让我困惑不已的那个概念。我连续几天都在思考这个概念，再一次感觉到我的大脑快从头骨里面跳出来了，仿佛回到了第一次看到曲线图像的时候。而现在，只有一个对象的范畴就是幺半群这个概念对我而言已经是一个理所当然的事实，所以我也知道，我肯定比当时更聪明了。现在就来解释这个例子的含义还为时尚早，我会在本书的第二部分探讨这个问题。

> 我们之后会谈到，范畴论研究的是事物之间的关系，一个范畴就是一个研究这些关系的数学情境。一个幺半群也是一个数学情境，只不过其涉及的研究对象是更具体的东西，比如数字及类似事物的乘法。"只有一个对象的范畴就是幺半群"这一概念呼应了将数字看作世界与自己之间的关系的观点。我知道这听上去有些怪异，但这一理解方式对明白这个概念的含义非常重要。

下金蛋的鹅
制造解决问题的机器

我们都希望找到制造金蛋的方法，但如果我们能找到直接"制造"一只下金蛋的鹅的方法，那就更好了——一个下金蛋的鹅的制造机。更进一步，如果我们能制造一个专门用来制造上面这种机器的机器，岂非更佳？一个制造下金蛋的鹅的机器的机器。这就是一种抽象：制造机器来做某件事，而不是直接去做某件事。这种做法的目的是节省人力和脑力，让人类只需要负责思考那些机器做不到的事情。

要制造一台机器去做本来由人来做的工作，你首先需要做到在不同的层面上对这项工作有所理解。当你走在一个你很熟悉的地方时，你不会去想你正在什么街道上走路，或者在哪个路口、什么时候需要转弯，你只需要跟着自己的直觉走就好。但如果你要告诉别人该怎么走，你就需要更仔细地分析这条路具体是怎么走的，以便解释给别人听。也许你也有过这样的经历：当你向当地人打听某条街道具体在哪里时，他们往往回答不上来，原因就在于，当你走在你自己家乡的街道上时，你并不会特地去想这些街道的名字。

学习外语也是如此。当你学习的是自己的母语时，你通常不会去思考它的具体使用规则——你会本能地模仿你周围的大人。而当你长大成人，某个外国人问起关于你的母语中一些让他难以理解的部分时，你就不得不回过头去以一种完全不同的方式分析自己究竟是如何使用这种语言的。

如果你想要制造一台做蛋糕的机器，你就必须把制作蛋糕的每个步骤分析得清清楚楚，这样你才能弄明白该如何让机器去完成这个任务。即便只是打鸡蛋也需要进行认真的分析——我们是怎么知道该用多大的力气把鸡蛋磕到碗上的呢？

前文中的解方程就是此类机器的一个例子。首先，我们需要学习怎么解这种方程：

$$2x + 3 = 7$$

然后，我们要做的是发明一个"机器"来解这种方程，也就是说，我们要解的是下面这个方程：

$$ax + b = c$$

因为其中的 a、b 和 c 可以是任意数字。

> 我们还可以试着用类似的方法得到一元二次方程的通解，即解出下面这个方程：
>
> $$ax^2 + bx + c = 0$$
>
> 然后，我们就会得到解决此类问题的机器所给出的那个经典答案：
>
> $$x = \frac{-b \pm \sqrt{b^2 - 4ac}}{2a}$$
>
> 更进一步，为了发明出能制造这些解方程机器的机器，我们就需要理解"代数基本定理"（fundamental theorem of algebra）：任何一个一元复系数方程都至少有一个复数根。我们在后文中会对这个定理进行解释。

切蛋糕

一个关于抽象的例子

我还记得第一次做英国中等教育普通证书（GCSE）资格考试的数学考试题时的一道题目。那道题是关于在给定可以切的刀数时，能把蛋糕切成最多块的方法的。很显然，如果你只能切一刀（直线），你就只能得到两块蛋糕，如果你只能切两刀，那么你最多只能得到四块蛋糕。但是如果你可以切三刀、四刀，甚至更多的刀数呢？

切三刀得到最多块蛋糕的方法如下所示，使用这种切法，你可以切出 7 块蛋糕。

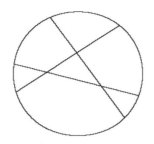

对于这个问题，你的第一反应也许和我的一样：这个问题好傻，谁会这样切蛋糕？这样切出来的蛋糕都是不同形状的，完全没有意义。对于切蛋糕来说，真正重要的是什么？是最多能切多少块，还是切出来的蛋糕大小形状是否平均？

现在，让我们暂且不去考虑蛋糕大小形状的问题，而是尝试着通过这个切三刀、四刀……的实验，得到一个公式，用以在给定刀数的情况下计算出能切的最多块数。也就是说，我们的目的不在于解决这个具体的问题，而在于研发一种机器，用于解决这一类的问题。这就是我们学到的那些含有 x、y 以及其他东西的公式的本质——一台机器。如果我们有了这样一台机器，我们就可以把给定的刀数输入这台机器，然后，这台机器就会给出一个答案：你能切出来的蛋糕的最多块数。一个公式甚至比一台机器还要更好：它能告诉你它所代表的那台机器是怎么工作的，而非仅仅作为一个神秘的黑匣子出现。所以，如果这个公式告诉你，问题的答案是：

$$\frac{x^2 + x + 2}{2}$$

它的意思就是，我们可以把 x 替换成给定的刀数，代入具体数值后计算出的结果就是能切出来的蛋糕的最多块数。同样，这也是一种抽象，因为你并不是在解决某个具体的问题，而是在讨论一个假设的问题。你并不是真的在解决问题，而是在想如何解决问题。除了写出公式本身外，你也可以把所有可能的答案列成一张表，如下所示：

切的刀数	得到的蛋糕块数
1	2
2	4
3	7
4	11
5	16
⋮	⋮

你不可能把这张表真的"写完"，在某个时候，你不得不停下来，因为纸不够用，你的时间也不够用。但公式则不同，它不会"停止"——它是一个可以给出任意给定刀数下你能得到的蛋糕块数的最大值的机器。

也许你不需要准备中等教育普通证书的考试，但也许你的孩子们要准备这个考试，而你需要为他们提供辅导。你辅导他们，但你并不会代替他们参加这个考试。所以，这也是一个元问题——我们要做的不是真的去解决这个问题，而是试图找到让别人能够解决这个问题的方法。教书与此有异曲同工之妙，因为你并不是直接告诉学生们问题的答案，而是试着教会他们自己找到答案——这与你自己直接回答这个问题隔了一层。培训老师又是更上一层的抽象了。以此类推，接下来的一个问题就是，谁来培训这些培训老师的人？

做蛋糕并不需要耗费多少脑力，但发明一种新的蛋糕烹饪方法就不一样了，你需要变得比之前更聪明一些。发现一个新的数字显然已经不是一件多么"有趣"的事，因为我们已经知道给出所有新数字的方法了。如果你找到了治愈癌症的方法，却只是一个病人一个病人地进行治疗，而没有向全世界通报这个治愈癌症的方法，那么这简直可以说是不道德了。

所有这些关于抽象的例子确实让我们远离了现实一步，但我们由此得到的是一个更广阔的视角。如果你把一支火把放得远一些，这支火把就会照亮更大的区域——但也要注意别放得太远，因为那样的话光就变得太暗了。

抽象的数学

抽象是理解数学的关键。抽象也是数学看起来远离"实际生活"的原因所在。这种与实际生活的疏远正是数学发挥其优势的地方，同时也是它的局限性所在。每一层次的抽象都使得数学更加远离实际生活，也使得解释它与实际生活的关联变得更加困难，因为这种关联有一种多米诺骨牌效应——抽象的数学也许不能直接应用于实际生活，但它可以间接地应用在另一种事物上，而那种事物可以直接应用于实际生活。这样的应用链可以包含好几节，比如：

范畴论 → 拓扑学 → 物理学 → 化学 → 医药

抽象是理解为什么数学与普遍意义上的科学有所不同的关键。对以实证为基础的科学来说，证据总是最重要的。首先你需要提出一个"假设"——一个你觉得可能正确的理论，不论这个理论是源自观察、直觉、怀疑、偶然见闻还是其他。然后，你需要通过寻找符合科学标准的证据来严格检验这个假设。这些科学的标准包括：

- 样本量要足够大。三四个实证性案例只能被视为"逸事证据"，很可能并不可靠。
- 证据必须是经过变量控制的。你必须考虑到其他可能影响结果的因素，比如安慰剂效应、社会经济因素、实验参与者的年龄等。
- 证据必须是客观的、无偏见的。比如，药剂实验就必须被设计为"双盲试验"，也即主试和被试都不知道他们拿到的药剂到底是真正的实验药物还是安慰剂。

最后，你得到的结果必须符合统计学标准。你可能得到了一大堆非常有说服力的证据，但你的最终结论总是需要附带一个表示该结论确定性的百分比。

数学则与此不同。数学研究的第一步与其他科学没什么不同——提出一个你认为正确的假设。但接下来就不一样了，我们不再使用实证性的方式来严格检验这个假设，而是使用逻辑来严格检验这个假设。此处的"严格"就其定义而言与一般科学意义上的"严格"完全不同。它与样本大小无关，因为数学研究并不涉及任何样本，而只关乎思考、推演的过程。主观感觉也不会影响这个过程，因为我们所做的只是应用逻辑规则而已。

打个比方，假设你想弄清楚要完全覆盖某尺寸的蛋糕表面需要多少糖霜这个问题。你可以直接做个实验——烤一个蛋糕，加上糖霜，然后看看你一共用了多少糖霜。或者，你也可以用逻辑进行推理——做一个关于蛋糕表面积的计算。要计算这个蛋糕的表面积，你需要先对蛋糕的形状进行模拟——比如，你可能需要假设它的表面是一个完全规则的圆形，且表面是完全平滑的。当然，实际生活中并不存在完全规则的圆形和完全平滑的蛋糕。但这个方法的好处在于，你不需要真的去做一个蛋糕才能弄明白具体需要多少糖霜。

使用逻辑推理来代替实验有许多好处。

实验可能不切实际

假设你现在想知道的是盖一座房子需要多少块砖。显然，为了弄清楚这个问题而专门盖一座房子是不切实际的。与此类似，假如你想弄明白的是改变一条公路的路线会如何影响交通流量呢？

实验可能过于危险

假如你想知道的是一座桥可以承受的最大运载量呢？显然，你不可能让很多的车辆驶上桥面，然后观察桥会在什么时候崩塌。

实验可能无法实施

假如你想知道的是为什么太阳每天都会升起来，或者为什么行星的运行轨迹是这样而不是那样的呢？你显然不可能改变外太空的状况，然后看看行星会不会改变运行轨迹。

实验可能会引发灾难

假如你想知道的是某种传染病是如何传播的呢？显然，你不可能在人群中散播这种疾病的传染病菌，然后看看它是如何传播的，因为这正是你想避免的事情。

实验可能是不道德的

在我写作本书的时候，我听说有人提出了扑杀獾可以减少牛群肺结核感染率的主张。但是，我们该怎样检验这个假设呢？通过杀死很多獾来看看结果如何真的合乎道德吗？

在以上这些情况中，逻辑推理显然要更胜于实验论证。前者最重要的优势在于，借助逻辑推理，你所得出的结论不仅仅是"几乎肯定是正确的"，更是完全不可辩驳的。

逻辑是如何运作的？

逻辑性论据包含一系列的主张，其中的每一个判断都是完全依据逻辑由上一个判断推导出来的。这很好理解，但问题在于，第一个判断从何而来？例如，你可以假设你的蛋糕表面是完全规则的圆形。你可以假设一个携带传染病菌的人遇到另一个人后将这种疾病传染给对方的概率是 50%。这些基础的假设构成了抽象过程的一部分。它们通常会涉及对实际生活中的事物的理想化，由此你就可以运用逻辑对它们进行推理。这种做法的弊端在于，经过理想化的事物与实际生活中的事物不完全相同；而它的优势在于，在完成了理想化处理之后，你就可以运用逻辑来分析它们并得出结论了。你得到的最终结果的不准确之处就源于你最初对实际问题进行抽象化处理的过程中所丢掉的信息。这与统计结果截然不同，因为后者的不准确之处在于，虽然有证据支持你的假设，但你的假设仍然有很小的概率是错的。

采用数学的方法（与之相对的是通常人们所说的"科学的方法"）要求你必须清晰地陈述你的假设是什么。人们可以不同意你的假设，但是他们不能不同意你的结论，也就是说：

如果我们做了这样的假设，那么由此假设推导出的这个结论就是正确的。

例如，如果一只鸡够 10 个人吃，那么两只鸡就够 20 个人吃。你可以不同意一只鸡够 10 个人吃这一假设（也许不够 10 个人吃，除非是某种转基因巨型鸡），但你不能不同意这个结论：

如果一只鸡够 10 个人吃，那么两只鸡就够 20 个人吃。

但这个结论还是存在一个可能的漏洞：所有的鸡都一样大吗？我们也许可以加上"所有的鸡大小都差不多"这条假设以确保这个问题可以用数学解答。

这是一个不切实际的假设吗？如果你要给一个 40 人的聚会订烤鸡，那么你很有可能需要做类似的运算，即便每只鸡的大小并不是完全一样的。当然，你也可以用实验的方法来解决这个问题：也许你可以依赖餐饮服务商的经验，理论上他们拥有足够多的聚会餐食供应经验，知道你应该订多少只鸡。

抽象之所以让人觉得难以理解，是因为它带我们离开了具体事物的世界，而进入只存在于头脑中的"概念"的世界。但有一些抽象概念我们已经十分熟悉了，因而我们不再能意识到它是一种抽象。打个比方，如果我们开始思考一般的鸡有多大这个问题，我们事实上就已经在进行抽象思考了：一只"一般的鸡"并不是一只具体的鸡，而是一个关于鸡的概念。还有我之前提到的，数字也是一种抽象。数字 1、2、3、4……只是一些概念。也正是因为它们是概念，我们才得以使用纯粹的逻辑推理来处理它们。

抽象的美妙之处在于，在你对某个抽象概念已经非常熟悉了以后，它似乎就变成了一个具体的事物，而不再是一个想象出来的概念。你也许已经很习惯"2"这个概念，这意味着你已经适应了这种程度的抽象。而对于"–2"这个概念，你可能就没有那么习惯了。那么 2 的平方根呢？这是一个自己乘以自己等于 2 的数字。但它到底是什么呢？你也许会说它是 1.414…，但这是一个无限不循环小数——你没办法把整个数字写出来，如此一来你该如何知道它到底是什么呢？那么 –1 的平方根呢？我们稍后会进一步探讨这些问题，并说明为什么对于严格的数学来说，2 的平方根比 –2 的平方根更复杂，甚至比 –1 的平方根更复杂，虽然直觉上我们会认为 –1 的平方根更难理解，因为"现实生活"中并不存在与此对应的实际事物。

　　抽象这一过程多少有些类似于运用你的想象力。数学的抽象带领我们进入一个想象的世界，在这里，任何事情都有可能发生，只要它的存在不是自相矛盾的。你能想象透明的乐高积木吗？这并不是很难。那么软软的像橡皮泥一样的乐高积木呢？这就有些奇怪了。那么被碰到就会自动变颜色的乐高积木呢？或者四维的乐高积木？隐形的乐高积木？早上会给你煮咖啡的乐高积木？当然，你能想象出来一样事物，并不意味着它就能存在于实际生活中——尤其是如果你的想象力很丰富的话。而数学世界的美妙就在于，一旦你想象出一个数学概念，它就真正在这个世界中存在了。你的想象力越丰富，你就越有机会探索更多的数学领域。另一个我们很熟悉的抽象概念是形状。正方形是什么？它是一个包含 4 条相等的边和 4 个相等的角的形状。但现实生活中存在完美的正方形吗？不存在。仔细考量的话，现实生活中的正方形都不是绝对完美的正方形。圆形也是如此。直线呢？真的存在完美的直线吗？我想答案是否定的。不过，虽然现实生活中的直线不过是趋近于完美直线这个概念的近似物，但我们显然已经非常习惯使用这个概念了。

运用抽象来计算

现在我来讲讲如何用抽象的办法解决我们之前提出的两个问题，这样你就可以看出抽象化具体是怎么运作的了。

我爸爸的年龄现在是我的 3 倍，而 10 年以后他的年龄将会是我的 2 倍。那么我现在几岁呢？

我用 x 代表我的年龄，y 代表我爸爸的年龄。如此，"爸爸的年龄是我的年龄的 3 倍"就可以写成：

$$y = 3x$$

到目前为止还很简单。但"10 年后他的年龄将会是我的年龄的 2 倍"就有些复杂了。这一步的关键就在于，10 年之后，我的年龄将会变成 $x + 10$，他的年龄将会变成 $y + 10$；我们还知道，那时候他的年龄将会是我的 2 倍，也就是说：

$$y + 10 = 2\,(x + 10\,)$$

我们可以将第一个等式代入第二个等式，即用 $3x$ 替代上面这个等式中的 y，如此，我们就得到：

$$3x + 10 = 2\,(x + 10\,)$$

$$= 2x + 20 \cdots\cdots \text{去掉括号做乘法运算}$$

$$x + 10 = 20 \cdots\cdots \text{两边同时减去 } 2x$$

$$x = 10 \cdots\cdots \text{两边同时减去 } 10$$

所以我们得出结论：我现在的年龄是 10 岁（我爸爸的年龄为 30 岁）。

请注意，在上述计算中，我们采用了如下几个步骤：

1. 我们从一个用文字描述的"实际生活"问题入手。
2. 我们运用抽象的方式将这个问题转变为逻辑概念。
3. 我们借助逻辑规则来处理这些抽象的概念。
4. 我们取消抽象，将问题的答案放回实际生活场景之中。

我们还可以进一步抽象。刚才我们所进行的工作帮助我们解决了上述那道应用题，但如果进一步抽象，我们就可以解决所有类似的问题。

对于刚才的题目，我们是从两个具体的方程入手的：

$$y = 3x$$
$$y + 10 = 2(x + 10)$$

现在，我们可以用字母来替代那些具体的数字，这样我们就可以解决参数为任意数字的这两个方程了：

$$y = a_1 x + b_1$$
$$y = a_2 x + b_2$$

我们原题目里的第二个方程看起来可能与这里的第二个方程并不相同，但是当你把原方程中的 y 移到等式的左边时，它就变成了：

$$y = 2x + 10$$

现在，由于两个等式的右边相同，都等于y，因此我们可以把上述两个适用于一般情况的方程转化为一个方程，如下所示：

$$a_1 x + b_1 = a_2 x + b_2$$

如果我们把包含x的项都放到同一边，我们就得到了：

$$a_1 x - a_2 x = b_2 - b_1$$

$$(a_1 - a_2) x = b_2 - b_1$$

$$x = \frac{b_2 - b_1}{a_1 - a_2}$$

除$a_1 = a_2$这种特殊情况外，我们在最后一步得出的解都是有效的；而如果是$a_1 = a_2$，则我们必须使$b_1 = b_2$，也就是说，与y相关的两个等式是一样的，如此我们就没有足够的信息来确定x和y的具体数值了，这意味着，这个问题有无穷多的解。

现在我们来看另一个例子。

我已经知道覆盖一个 6 英寸蛋糕的表面和侧面需要用到多少糖霜了。那么，覆盖一个 8 英寸蛋糕的表面和侧面需要用到多少糖霜呢?

我们假设两个蛋糕的表面都是圆形，而且都有 2 英寸高。我们

需要算出 6 英寸和 8 英寸蛋糕的糖霜覆盖面积，看看后者比前者大
多少。因为两个蛋糕的表面都是圆形的，所以直接计算半径为 r 的
蛋糕表面的面积相对省力，只需要代入 $r = 3$ 或 $r = 4$（半径为直径
的一半）即可。以下为具体步骤：

- 蛋糕的表面是一个圆形，所以这个圆形的面积为 πr^2。
- 蛋糕侧面的面积是它的高度乘以圆形表面的周长。圆形周长
  为 $2\pi r$，所以蛋糕侧面的表面积为 $2 \times 2\pi r = 4\pi r$。
- 所以，覆盖一个表面半径为 r 的蛋糕所需的糖霜为 $\pi r^2 + 4\pi r$。

现在，我们可以用这个方法来算出覆盖两个不同尺寸的蛋糕分
别所需的糖霜：

- 对于 6 英寸蛋糕来说，其半径为 3，所以我们需要糖霜覆盖
  的总面积就是：

$$(\pi \times 3^2) + (4\pi \times 3) = 9\pi + 12\pi$$
$$= 21\pi$$

- 对于 8 英寸蛋糕来说，其半径为 4，所以我们需要糖霜覆盖
  的总面积就是：

$$(\pi \times 4^2) + (4\pi \times 4) = 16\pi + 16\pi$$
$$= 32\pi$$

最后我们需要把这个结果转化为一个可以直接应用在做蛋糕上的数字。我们需要知道的是，做一个 8 英寸蛋糕要比做一个 6 英寸蛋糕多用多少糖霜，所以我们需要知道上面的第二个面积总和比第一个面积总和大多少。也即，我们需要用第二个蛋糕的面积总和除以第一个蛋糕的面积总和。

- 就面积总和而言，8 英寸蛋糕与 6 英寸蛋糕的比就是：

$$\frac{32\pi}{21\pi} = \frac{32}{21}$$

因为这只是一个关于覆盖蛋糕表面需要用到多少糖霜的问题，而不是一个有关用药剂量之类需要精确计算数值的问题，所以我们在这里取一个近似值即可：32/21 大约等于 1.5，也就是说，你需要依照 6 英寸蛋糕配方中配料的 1.5 倍来准备，才能做好 8 英寸蛋糕的糖霜。

在这个问题中，值得注意的是，我们做了一个假设，即蛋糕有 2 英寸高，所以最终的答案可能不够准确，但不准确的原因只在于这个假设。所以我们最终的、无法辩驳的结论是：

> 如果所有蛋糕都是 2 英寸高，
> 那么我们就需要按原配方中配料的 1.5 倍准备原材料。

这个关于蛋糕的例子比那个计算儿子和爸爸的年龄的例子更实用一些。关于年龄的那个问题只是一个简单的脑筋急转弯，而关于糖霜的这个问题则是一个抽象思维在现实生活中帮助我们解决问题的实例。当然，我们也可以通过实验的方法得出答案，比如做出一大堆糖霜来看看大一些的蛋糕会用掉多少，但那样做很可能会造成浪费。抽象的方法会耗费更多的脑力，但它不会浪费那么多的糖霜。

3 原理

 会议巧克力布丁

> **配料**
>
> 　　2 个大鸡蛋
>
> 　　140 克细白砂糖　140 克自发粉　140 克黄油（软化）
>
> 　　可可粉（用量随意）
>
> 　　大约 7 块巧克力
>
> **方法**
>
> 1. 将黄油和细白砂糖一起搅拌成轻软的糊状。
> 2. 倒入鸡蛋后继续搅拌，然后倒入面粉。
> 3. 倒入可可粉直至面糊呈深棕色。
> 4. 将面糊倒入 14 个单独的硅胶模具中，先装一半满，然后放入半块巧克力，然后倒入更多的面糊。
> 5. 将烤箱温度设置为 180℃，烤大约 10 分钟。烤好后尽快吃掉。

　　我管这个配方叫作"会议布丁"，是因为我第一次做它是在一次会议晚宴之后，一大群数学家高高兴兴地涌入我的公寓，请我做一些布丁吃。我不得不在我家的厨房里拿现有的材料进行即兴创作。幸运的是，我总是在厨房里备有很多的巧克力。如此，我就可以参照烤蛋糕的基本原理来制作布丁了。同等分量的鸡蛋、面粉、黄油和糖就是一个不错的起点——我知道有很多其他的蛋糕配方非常复杂，但我们没必要把它们用在这里，不是吗？大多数人都喜爱巧克力，而且放一些巧克力在布丁中间会让布丁内馅儿变得柔软黏稠，而这种温热、黏稠的内馅儿带来的味觉快感会淡化人们对布丁其他部分的注意。

重点在于，如果你理解了一个过程背后的原理，而不是只记住整个过程，你就能更有效地控制这个过程，而一旦出现问题，你也可以更有效地进行解决，并且可以更好地调整整个过程的部分环节，以使这个"配方"适用于不同的目的。除此之外，在面临极端情况（如缺少配料、器具损坏或喝醉酒身体不适……）的时候，你也能应对得更加游刃有余。

在醉酒的时候烘焙
如何应对极端情况

在醉酒的时候开车很危险，这种做法在任何时候都是应该避免的。不过，在醉酒的时候烘焙则很有趣（如果你知道自己在做什么的话）。除了严格遵照食谱进行操作，理解烤蛋糕背后的原理还有别的理由。比如，也许你的朋友对小麦过敏，那么你就必须烤制不含小麦的蛋糕。（就我的个人经验而言，小麦粉在烤布朗尼蛋糕时的最佳替代品是土豆粉，在烤奶酥时的最佳替代品是燕麦粉，在烤千层饼时的最佳替代品则是大米粉。）

或者，也许你想做低脂蛋糕，那么你就需要理解脂肪在蛋糕烘焙中扮演的角色，即制造气泡，如此一来，你就可以使用能够发挥相同作用的食物来替代油脂，比如一种很特别的配料——苹果泥。

理解方法背后的原理还能帮助你在不搞砸整个过程的前提下走捷径，而且，如果你像我一样懒的话，你就会一直用这种办法找捷径，或者简化步骤。比如，当你处于醉酒状态时，分离蛋清和蛋黄会变得困难很多。而涉及巧克力的食谱通常都会包含这句话：

> 把巧克力掰成小块，放在一个可以用于加热的碗里，把碗放在平底锅中，在锅里倒入水，慢慢煮开，确保碗底不会碰到平底锅的底。搅拌巧克力块直至融化。

但我们知道，这句话实质上想说的就是"将巧克力融化"。而我因为实在好奇为什么碗底不能碰到平底锅的底而尝试了这种"错误"的做法，却发现结果好像并没有什么不同。实际上，我还经常借助微波炉来融化巧克力，或者，更好的办法是，将盛放巧克力的器皿直接放在电磁炉上，调小火加热。烹饪书很少向你解释为什么你要这样做某个步骤，这让我很沮丧。但是，理解就是力量。如果你帮助某人更好地理解了某样东西，你就赋予了他更多的力量。也许那些烹饪书的作者是故意这么做的，他们不想让我们理解太多，否则我们可能就不需要他们来发明食谱了。

在数学中，一个类似的例子就是乘法表。将乘法表背下来的确很有用，因为这样一来你就不需要在每一次计算时都扳着手指头数数了。但理解乘法表中的运算结果是怎样得出来的也很重要，这样一来，万一你忘记了其中的某些数字，你仍然可以手动计算出结果。

顺便一说，烹饪书总是会告诉你要用塔塔粉做蛋白糖霜脆饼，但我从没用过这种食材，而我的蛋白糖霜脆饼依然十分完美，美味无比。

焊接
为理解汽车工作原理而进行的尝试

我 16 岁的时候曾因为焊接上了电视。当时，学校布置了一项关于汽车的作业，我们小组需要在两位物理老师的指导下把一辆旧名爵汽车分解，然后组装上新的部件。出于某种原因，我比其他人更擅长焊接，并且我觉得这项工作很让人激动——那些噪声、四散的火花、由高温作业带来的温度上升、它所包含的潜在的危险性，以及用加热的方式将金属连接起来的"魔力"，都让我深深着迷。对比之下，我并不很擅长理解整辆车的运作原理。我所做的只是焊接老师叫我焊接的那些零件。

我猜当地电视台也许是因为觉得一帮女生组装一辆车这件事很奇怪（希望现在这件事不会再被认为奇怪了），所以就决定把我们当作拍摄题材。于是理所当然，我焊接零件的场面也被拍了进去。

采访者问我们是不是想要以此来吸引我们未来的男友，但对我个人而言，我只是因为想理解汽车的工作原理才做这件事的。我仍然认为，理解一件你一直在使用的工具其背后的工作原理是个很好的主意，因为这样一来，在发生故障的时候，你就掌握了更多的主动权，并且你也更有可能让这件工具最大限度地发挥效用。问题在于，随着科技的进步，事物的原理越来越多地被埋藏在电子元件和程序代码中，因而也就更难以被拆解开来，一一理解。在我学会开车之后的一段时间里，我碰到的大多数问题都是电子方面的，而非机械方面的。

不幸的是，当时我试图理解汽车工作原理的计划失败了。我学会了如何焊接，但没能进一步理解汽车的工作原理，所以当我的车遇到问题的时候，除了请求专业人士的帮助，我依然没有其他选择。而对于数学，如果我遇到了问题，我还是有可能自己搞定的——至少，我可以检查一下我的推理，看看其中是否存在逻辑漏洞。

如果在学数学的过程中，孩子们总是得出错误的解答，而找不到错出在哪里，那么数学这门课就很可能会让他们失去信心。这就是为什么在数学教学中，很重要的一件事是理解学生的思维方式，并且指出他们思考过程中的逻辑错误出在哪里，而不是只看最终答案是错是对。

火星

当我们在某颗地外星球上寻找生命的时候，我们首先在找的是什么？

当我们在另一颗行星上寻找生命存在的证据时，我们首先寻找的是水存在的迹象。这是因为我们已经得出结论，或者说已经认定，水对生命体是至关重要的。

欧洲的探索者在遥远的殖民地做了许多错误的决定（包括殖民这件事本身），其中之一就是试图在完全不同的气候条件下种植从欧洲带过去的农作物。他们完全不理解是什么使得农作物生长，因而也就不知道为什么这些农作物在当地气候炎热、土壤贫瘠的地理条件下无法健康生长。也有可能，他们根本没有预料到这些遥远的殖民地的气候会与欧洲截然不同。不管出于什么原因，这些农作物最终都没能长成。

学习事物背后的运作原理的目的之一就是理解到底是什么使得它能够正常运作，如此一来你才可能知道，当你前往一个遥远的地方，发现其地理条件与之前截然不同时，它是否还能正常运作。对于遥远的数学之地，这个道理同样适用。

比如，"自然数"是我们最为熟悉的数学领域之一。这个概念指的是我们数数时所使用的数字：1、2、3、4……它们被称为"自然数"是有原因的——它们的存在对人们来说很自然。但问题就是，我们对它们实在太熟悉了，因而也就注意不到我们使用它们的地方。就像只有当你的手臂受伤时，你才会意识到平时习以为常的、使用双手做的事情现在竟然变得如此困难。我们也许并不会注意到什么时候我们需要同时使用两只手，什么时候只用一只手就够了。刷牙似乎是单手就可以完成的活动，但你要怎么用单手把牙膏挤到牙刷上呢？吃薯片似乎只用一只手就够了，但你要怎么用单手把包装袋打开呢？

自然数也是这样的。我们理所当然地认为我们可以进行加法和乘法计算，无论数字相加或相乘的顺序为何。我们认为 8 + 4 和

4 + 8 是一样的，并且我们经常使用这个规律来简化计算——把小数字加到大数字上面比把大数字加到小数字上面更简单。对于那些还在扳着手指数数的孩子而言，这个规律更是有用。比如计算 2 + 26，如果是把 26 加到 2 上面，孩子们需要数上很久，但如果是从 26 开始数 2 个数，计算就会快上很多——而对于老师来说，难处就在于说服孩子们把两个数字换位置以后进行相加，两者所得到的答案是一样的。

同样，6 × 4 和 4 × 6 的结果是一样的。这对我们来说是一件好事，因为这意味着我们只要背下来乘法口诀表的一半就够了。对我个人而言，在计算 4 × 6 的时候，我只能把这个计算理解为"6 个 4"，而不是"4 个 6"。同样，在计算 8 × 6 的时候，我只能把它想成"6 个 8"，而对 8 × 7 来说，我则必须把它想成"7 个 8"。下面这张表展示了乘法口诀表中我相对熟悉和不太熟悉的部分——也许你也有类似但不同的偏好？你更喜欢"8 个 6"，还是"6 个 8"，还是二者皆可？

	2	3	4	5	6	7	8	9
2	✓	✓	✓	✓	✓	✓	✓	✓
3		✓	✓	✓	✓	✓	✓	✓
4			✓	✓	✓	✓	✓	
5				✓	✓	✓		
6		✓	✓	✓	✓	✓		
7		✓	✓		✓	✓		
8						✓	✓	
9							✓	

对于这张表，我是先从上往下背，然后再从左往右背的，所以我更熟悉"6 个 5"，但没那么熟悉"5 个 6"。我并不知道我的大脑

为什么会以这样的方式处理乘法口诀表，不过幸运的是，把乘号前后的两个数字交换位置后得到的答案是一样的，这样一来即便我没能背下所有的口诀，我也能根据我知道的那些推导出其他的答案。

但是，如果我们进入了一个这些原理不再适用的数学领域呢？在这种情况下，我们不得不开始努力思考这些原理都引起了哪些连锁反应。所有的事情都会开始出错。我们还能解方程吗？我们还能画图表吗？我们用于解决所有问题的常规办法还能适用吗？在本书的后面，我会对这些问题给出解答。

一个与自然数有关的有趣的原则是关于质数的。要知道，质数就是只能被 1 和它自己整除的数（而且 1 不是质数）。所以最开始的几个质数是：

$$2，3，5，7，11，13……$$

现在，对于任何一个数，我都可以把它写成一个质数运算的结果。比如，$6 = 2 \times 3$，除此之外没有其他质数相乘可以得到 6，除了把 2 和 3 交换位置，而这也算不上不同；再比如，$24 = 2 \times 2 \times 2 \times 3$，除此以外没有别的质数相乘可以得到 24 这个结果。这是自然数的一个很重要的特性，但它并不适用于数学的所有领域。

这就给数学的探索者制造了一些麻烦，就像欧洲殖民者在与家乡截然不同的气候条件下试图种植来自家乡的农作物一样。比如，几次证明费马大定理的尝试都失败了，因为当时的研究者认为他们是在一个质因数分解定理成立的数学领域里分析这个问题的，但事实并非如此。他们假设火星有水存在，并据此设计了一个非常"聪明"的火星探索计划。

费马大定理是皮埃尔·德·费马于 1637 年在一本书的页边写下的一个著名猜想。它是关于下面这个方程的：

$a^n + b^n = c^n$，其中 a、b、c 均为正整数。

当 $n = 2$ 时，这个方程就是毕达哥拉斯定理（或称勾股定理）：直角三角形的斜边的平方等于两个直角边的平方之和。很多直角三角形的斜边注定不是整数。比如，如果直角三角形两个直角边的长度都是 1 厘米，那么该三角形的斜边的长度就是 $\sqrt{2}$ 厘米，这个数不是有理数，更不是整数。然而，也有一些大家十分熟悉的整数边长的直角三角形特例，比如三边长之比为 3:4:5 或 5:12:13 的直角三角形，其数值关系就满足上面这个方程，如下所示：

$$3^2 + 4^2 = 5^2，以及 5^2 + 12^2 = 13^2$$

与之相对，当 n 的数值大于 2 时，则不存在能满足这个方程的整数 a、b 和 c。这就是费马大定理的主要内容。不过，这一猜想直到 1995 年才由安德鲁·怀尔斯借助一些来自看起来几乎完全不相关的数学领域、在当时而言十分先进的数学方法最终予以证明。

数字的原则

数字有哪些基本原理呢？对于这些原理，我们往往会因为过于熟悉而难以察觉到它们的存在。以下是一些你也许早已认为是理所当然的关于数字的事实：

- 数字可以相加。

- 数字可以相减，但结果可能为负。

- 数字可以相乘。

- 数字可以相除，但结果可能是小数。

- 如果我们给一个数字加上 0，则它保持不变。

- 如果我们将数字乘以 1，则它保持不变。

- 不能用数字除以 0。

- 给一个数字加上另一个数字 x，又减掉这个数字 x，你会得到原来的数字。

- 让一个数字乘以另一个数字 x，又除以这个数字 x，你会得到原来的数字。

- 几个数字相加的时候，交换它们的位置对结果没有影响。

- 几个数字相乘的时候，交换它们的位置对结果没有影响。但如果你把 +、−、×、÷ 四种运算混合在一起进行计算，则交换数字位置会使结果发生改变。

- 用 0 乘以任何数字都会得到 0。

- 用 −1 乘以任何数字，都会得到原来那个数的相反数。

- "负负得正。"

- 把同样的数相加几次就等于把这个数乘以几。

类似的"基本原理"还有很多，因此，也许你会想，它们也许能被简化为数量更精简的"超级基本原理"。就像幼女童军的法则一样，只有一条：

幼女童军为别人着想，并且每天做一件好事。

总的来讲，上面那些我所列出的数学原理越靠后越难。当你刚开始接触数字的时候，你很难理解为什么有加法交换律和乘法交换律，为什么1乘以任何数字并不改变那个数字。（最近的一个研究表明，小学生常常在相关的问题上犯错。）或者，用数字乘以0，为什么会得到0？或者更难的一条，我们是怎么找到"负负得正"这个规律的？

你也许会想，这些原理是从哪里来的？发现事物背后的运行原理叫作公理化（axiomatisation），我们稍后会进一步讨论这个话题。在数学里，这个概念指的是，我们总结出关于某个数学领域的原理，比如关于数字的原理，然后看看这些原理在其他领域是否适用。在后文中你会吃惊地发现，"一个数字乘以0就等于0"并不是一个适用于所有数学领域的基本原理，它是从更基本的原理推导出来的。

遵循关于数字的原理的事物在很多方面都不得不和数字类似，但它们不必是真正的数字。比如这样的多项式：

$$4x^2 + 3x + 2$$

它们并不是真的数字，但它们也遵循数字所遵循的那些原理。

如果我们去掉乘法交换律这条原理的话，那么还有更多的例子符合数字所遵循的原理。比如矩阵：

$$\begin{pmatrix} 1 & 0 \\ 3 & 2 \end{pmatrix}$$

它们遵循关于数字的所有原理，除了乘法交换律。对于这句话的具体含义，我们需要谨慎对待。在我们进一步谈论公理化的内容之后，我们会重新讨论这个问题。

这就是理解事物背后的原理的意义——把它们应用到其他领域。

给好奇者的问题

请给下面这个 2×2 的表格涂色。规则是蓝色和红色在每行和每列都只能出现一次。根据已涂色格子的颜色，你会发现对于剩余的格子，涂色的方法只有一种：

红色	蓝色
蓝色	

解：因为我们一共只有两种颜色，所以我们可以直接试一下：蓝色不行，所以空白格子只能涂红色。

给勇敢者的问题

请给下面这个 3×3 的表格涂色，规则与上一个例子相同。

红色	蓝色	绿色
蓝色		
绿色		

我们会发现，对于剩余的空白格子，涂色的方法仍然只有一种。

解：我们从正中间的格子开始。首先，它不能是蓝色，因为它左边已经有一个蓝色格子了。我们可以试一下把这个格子涂成红色，这样的话它右边的格子就必须是绿色，但其上面的格子已经被涂成绿色了，所以红色也是错的。排除掉两个错误答案之后，我们就知道正中间的格子只能涂成绿色，而它右边的格子只能是红色，于是整个表格涂好以后就是这样的：

红色	蓝色	绿色
蓝色	绿色	红色
绿色	红色	蓝色

"每样东西在每一行和每一列只能出现一次"这一规则多少有点儿像简化版的数独，这个规则在数学上被称为"拉丁方阵"（Latin square）性质。这是数学中研究"群"概念时的一条十分重要的原

理，我们在后文中会再次讨论这个数学分支。

给无畏者的问题

那么，规则不变，下面这个 4×4 的表格又该如何涂色呢？

红色	蓝色	绿色	黑色
蓝色			
绿色			
黑色			

这个表格恰好有 4 种成立的涂色方案。

解：

红色	蓝色	绿色	黑色
蓝色	红色	黑色	绿色
绿色	黑色	红色	蓝色
黑色	绿色	蓝色	红色

红色	蓝色	绿色	黑色
蓝色	红色	黑色	绿色
绿色	黑色	蓝色	红色
黑色	绿色	红色	蓝色

红色	蓝色	绿色	黑色
蓝色	绿色	黑色	红色
绿色	黑色	红色	蓝色
黑色	红色	蓝色	绿色

红色	蓝色	绿色	黑色
蓝色	黑色	红色	绿色
绿色	红色	黑色	蓝色
黑色	绿色	蓝色	红色

实际上，这是一个被称为"有限单群分类"（classification of finite groups）的数学分支中的一个意义重大的问题。

最后一个问题：如果把颜色换成数字，你会觉得这道题变得更难，还是更简单了？毕竟，颜色本身对问题的解答并没有什么影响。

1	2	3	4
2			
3			
4			

如果换成字母呢？

a	b	c	d
b			
c			
d			

　　显然，把表格中的某种具体事物替换成数字或字母并不会改变其背后的数学原理，无论出现在表格中的具体事物是什么，这些事物的分布模式都不会改变。

4 过程

 千层酥

配料

　　450 克高筋面粉　450 克黄油

　　冷水

　　盐少许

方法

　　······

　　将以上这些简单的配料组合起来的方式有很多，但其中的大多数都无法让你做出千层酥。制作千层酥是一个很耗时的过程，很多步骤都对精确性有要求，其中就包括反复的冷却、擀皮和折叠，以制作出千层酥区别于其他面点的美味的奶油"千层"。因为整个制作过程十分复杂，千层酥素来以难做著称。相比之下，它的一个变种，油酥松饼则简单很多。制作油酥松饼需要的配料和千层饼一样（除了黄油使用量更少），而你只需要把配料扔进食物处理机就可以把它做出来了。

　　数学的魅力之一就在于，像做甜点一样，你可以用很简单的配料做出很复杂的成品。当然，复杂烦琐的制作过程也可能会让你感到挫败，就像做千层酥一样。就我个人而言，我倒不觉得做千层酥有那么复杂，只要严格遵循食谱所写步骤去做就可以了。但我相信，即使你不想自己尝试去做，你仍然可以欣赏用如此简单的配料能做出如此美味的甜点这一事实。数学不只是关于结果，它更多地是关于理解得出结果的过程。

纽约马拉松比赛

并不只是关于从 A 地到 B 地

2005 年，我参加了纽约市马拉松比赛。我觉得这是一个了不起的成就，所以每每有机会我都会跟人炫耀一番。不过老实讲，说我"跑"了马拉松多少有点儿言过其实——更准确的说法是，我"小跑"着完成了马拉松。但无论如何，我确实从起点出发并最终到达了终点，而且有照片为证。

纽约市马拉松比赛与其他城市的马拉松比赛有所不同，因为它要求参赛选手从 A 地跑到 B 地，比如从史坦顿岛出发，最后跑到中央公园。而其他城市的马拉松比赛，以芝加哥市马拉松比赛为例，选手需要从格兰特公园出发，按照特定路线跑完一圈后最终又回到格兰特公园。然而，没有人会将从 A 地出发抵达 B 地视为马拉松比赛的意义——它的真正意义在于你如何到达终点。如果马拉松只是关于到达终点本身的话，那么芝加哥市马拉松比赛的参赛选手只要站在原地不动就可以了。

告诉别人你跑过马拉松，与告诉别人你是数学家多少有些类似——有些人会觉得你太了不起了，另一些人会觉得你疯了——怎么会有人想去做这件事？

意义更多地在于过程本身，而不只在于抵达终点。有些旅行的目的就是到达一个目的地（比如早上去单位上班），但其他更多的旅行是关于在途中发现新事物或欣赏美景的。人们很容易将数学理解为一个想办法得出正确答案的过程，而一部分数学分支的确如此。但范畴论更像纽约市马拉松比赛，更多地是关于探索的过程，以及你在这个过程中观察到的事物。它不是关于你具体知道什么，而是关于你究竟是怎么知道的。后者是一个更为微妙的问题。如果我问你"你知不知道某某事"，那么你给出的答案无非是或否。但如果我问你"你是怎么知道这件事的"，那么你的答案就可能很长、很复杂，而且远比你是否知晓这个事实性答案更有趣。

口袋里的钱还在吗？
并不只是关于结果

假设你口袋里有一张 10 英镑的钞票。现在，趁你不注意的时候，有人偷了你的钞票。然后，更加奇怪的事情发生了，另一个人偷偷把一张 10 英镑的钞票放进了你的口袋。对一切完全不知情的你始终相信你口袋里有一张 10 英镑的钞票，而事实的确如此。但是，你得出此结论的原因完全是错的。那么，你到底是对的还是错的呢？你的结论是对的，但你的推理过程是错的。

在数学里，这个答案会被认为是一个错误答案，因为我们感兴趣的是得到正确答案的过程，而不只是答案本身。

以下是一个通过错误推理得到正确答案的例子：

$$\frac{4}{6} - \frac{1}{3} = \frac{4-1}{6+3}$$

$$= \frac{3}{9}$$

$$= \frac{1}{3}$$

最终答案是正确的，但分数减法的运算方法是错误的。正确的算法是把两个分数通分，将其分母转化为最小公分母 6：

$$\frac{4}{6} - \frac{1}{3} = \frac{4}{6} - \frac{2}{6}$$

$$= \frac{4-2}{6}$$

$$= \frac{2}{6}$$

$$= \frac{1}{3}$$

欺骗
手段大于结果

如果有人感到开心，但你觉得他们感到开心的原因是错的，你会干涉他们吗？假如他们是因为一直酗酒而开心，或者是因为相信自己是上帝而开心呢？或者，假如他们是因为他们相信一个你并不相信的上帝在照看他们而开心呢？

你会更希望他们转变认知，在认清现实的同时丧失快乐吗？换句话说，只要目的正当、结果正确，就可以不择手段吗？

在数学中，我们永远不能为了结果而不择手段。我们必须选择正确的方法来证明某个命题的正确性，这也是数学方法存在的根本原因。这个过程被称为数学证明，很快我们就会看到它具体是什么样子的。

积非成是

为什么数学并不只是关于得到正确答案

在我给我的学生们出的数学测试题里，我会标明哪些是他们必须将运算分解成很多小步骤写出来的题目。而我往往会发现，在某些步骤中，他们很容易把正号和负号搞混，从而因为多除了一个 –1 而把最终答案写错。如果正确答案是 100，他们很可能会得到 –100 的错误答案。

问题是，如果他们犯了两个这样的错误，答案就碰巧被修正了，最后他们会得到正确答案 100。我记得在某次测试的一道运算题中，大概在其中的 6 个步骤中，这样的错误都是很容易发生的。所以，只要他们犯错的次数是偶数次，他们就会得出正确的答案，但事实上，在这个正确答案的背后，很可能是其推理过程中的 2 个、4 个或 6 个错误。

在数学科学中，除了算数和其他你在中学能学到的数学知识以外，对于其他所有的数学分支来说，你能肯定你的答案是正确的唯一方法就是确保你的推理过程是正确的。这可不像寻找埃菲尔铁塔，当你看到埃菲尔铁塔出现的时候，你就知道你找到它了，因为每个人都知道埃菲尔铁塔的样子。这更像是古代探险家的探索活动，他们没有全球卫星定位系统，也没有地图，所以他们知道自己在哪里的唯一办法就是非常小心谨慎地规划路线。

为什么？为什么？为什么？
为什么孩子们有他们的理由

如果你有跟三岁孩子相处的经验的话，你就会知道他们会不停地问为什么，从不停下。

"我为什么不能吃更多的甜点？"

因为你已经吃得够多了。

"为什么？"

因为不然的话，你就会摄入过多的糖，然后你就会睡不着。

"为什么？"

呃，因为你的血糖水平会急剧上升，你的代谢率也会突然上升，然后……

不幸的是，我们往往会选择压抑孩子问为什么的天性，仅仅因为被问了几次以后我们就会感到厌烦，因为我们很快就到了回答不出来的时候。并且，我们不喜欢被迫承认"我不知道"，因为大多数时候我们都不喜欢被挑战理解能力和知识储备的极限。

但孩子们的这种本能仍然很美好，这是知道与理解之间的差别。有些时候，孩子们只是想缠着大人，或者推迟睡觉时间，但我认为大多数时候，他们是真的被某些问题困扰着，想要更好地理解它们。

数学的核心就是理解事物，而不仅仅是知道它们。在某种意义上，我从未停止过像一个学步期的孩子一样问"为什么"。数学是我认为可以用来探索那些问题的答案的最让人满意的方法。因此，不可避免地，我开始对数学本身提出"为什么"，而这就是范畴论开始的地方。

数学证明

在数学里，我们用"证明"的方式来解答关于"为什么"的问题。数学里的证明比我们在日常生活中用到的证明更为有力。正如我们在第二章提到的，这种证明并非关于搜集证据，而是关于运用逻辑。

例如，你也许想要证明所有的乌鸦都是黑色的。于是你开始找乌鸦。你看到的第一只是黑的，第二只也是黑的，第三只还是黑的。你继续找下去。那么，什么时候你才能肯定你已经找到足够的证据说明所有的乌鸦都是黑色的呢？在你找到一百只以后？一千只以后？一百万只以后？即便你真的做到了，这个世界上还是可能有一只古怪的紫色乌鸦存在。

问题在于，乌鸦的特征并不遵循逻辑，因而试图用逻辑证明它们只有某种颜色很难。比如，你可能必须找到一些不可辩驳的基因证据才能说明乌鸦只能是黑色的。

这就是为什么在数学里我们只关注那些遵循逻辑的事物。事实性的证据为我们提供了一个开端，让我们可以坐下来尝试着运用数学方法进行论证——但这个基于实证的假设仍然可能是错的。事实上，在很多时候，你会发现某个有充足"证据"的假设，并认为它很可能是正确的，于是你决定坐下来试着用数学方法来论证它的正确性，结果却发现它完全是错误的。

举个例子，如果我们想要证明下面这个假设：

所有的正方形都有四条边。

这个例子看起来有点儿蠢，毕竟正方形的定义就规定了它有四条边。（乌鸦的定义有没有规定它必须是黑色的？）但如果我们要证明这个命题，我们就不能仅仅是因为"定义如此"就简单认定它是正确的。

或者，让我们试试证明下面这个假设：

所有能被 6 整除的数字都能被 2 整除。

我们可以先试着找一些证据。哪些数字能被 6 整除呢？ 12 肯定可以，并且它也能被 2 整除。18 呢？是的，也能被 6 和 2 整除。24 呢？也可以。此时，你就可能产生一种这个假设应该没错的感觉。这种感觉是很重要的，在此基础之上，你才会希望证实这种感觉是对的，从而最终真正确信假设的正确性，而说服人们确信某事正是数学的使命。

你能证明为什么以上这个假设是真的吗？你也许会意识到这与6是一个偶数有关。

试一下 24。我们知道 24 可以被 6 整除是因为：

$$24 = 6 \times 4$$

并且，

$$6 = 3 \times 2$$

所以我们可以将第二个等式带入第一个，得到：

$$24 = 3 \times 2 \times 4$$

这也就说明了 24 可以被 2 整除。我们还可以把 4 继续分解成质数相乘的结果，得到 24 的质因数分解，这是我们在前一章讲过的：

$$24 = 3 \times 2 \times 2 \times 2$$

但这里我们不需要把 24 进行质因数分解——只要分解出一个 2，我们就知道 24 可以被 2 整除了。

这是不是意味着所有能被 6 整除的数字都必须是偶数呢？事实上的确如此。现在我们来看一下为什么。首先，我们应该用以下这种表达来更精确地陈述这个事实。我们用字母 A 来替代"所有数字"。

如果 A 能够被 6 整除，并且 6 能够被 2 整除，那么 A 就能够被 2 整除。

我们现在可以将这个结论进行推广，用任意数字 B 替代 6，用任意数字 C 替代 2。由此，我们就得出以下事实：

如果 A 能够被 B 整除，并且 B 能够被 C 整除，那么 A 就能够被 C 整除。

对于用字母来替代所有数字这种做法，你感觉如何？这个步骤是很多人对数学感到不习惯的开始。对有些人来说，这个抽象化的步骤太复杂了，但它带来的好处很明显：我们现在对数字的规则有了更广泛的理解，而不只是知道一个特定的关于数字 6 和 2 的事实了。因为 A、B 和 C 可以是任意数字。

并且，这一抽象化步骤能让我们从一个更宏观的视角来看待这个问题，从而找到与这个结论类似的其他情形。你能看出以上含有 A、B 和 C 的结论与下面几个结论的共通之处吗？

- 如果 A 比 B 大，并且 B 比 C 大，那么 A 就比 C 大。
- 如果 A 比 B 便宜，并且 B 比 C 便宜，那么 A 就比 C 便宜。
- 如果 A 等于 B，并且 B 等于 C，那么 A 就等于 C。

此类关于 A、B、C 的关系被称为"传递性"（transitivity）。数

学家们给了这类关系一个名字，因为它们在许多情形下都会出现，而通过命名，我们便可以迅速指认它们，并提醒自己注意其他类似的情形。以下是一些你可以试着应用这种传递性的其他关系。

假设 A、B 和 C 都指人。

1. 如果 A 比 B 年龄大，并且 B 比 C 年龄大，那么 A 是否比 C 年龄大？

2. 如果 A 比 B 高，并且 B 比 C 高，那么 A 是否比 C 高？

3. 如果 A 是 B 的妈妈，并且 B 是 C 的妈妈，那么 A 是否是 C 的妈妈？

4. 如果 A 和 B 是姐妹，并且 B 和 C 是姐妹，那么 A 是否是 C 的姐妹？

5. 如果 A 和 B 是朋友，并且 B 和 C 是朋友，那么 A 是否是 C 的朋友？

6. 如果 A 和 B 是夫妻，并且 B 和 C 是夫妻，那么 A 和 C 是否为夫妻？

7. 假设 A、B 和 C 均指地点。如果 A 在 B 的东面，并且 B 在 C 的东面，那么 A 是否在 C 的东面？

问题 1 和问题 2 的答案必然是肯定的。但问题 3 不是——如果 A 是 B 的妈妈，并且 B 是 C 的妈妈，那么 A 就是 C 的外婆。因此我们得出结论，即某人是另一人的母亲这件事并不具有传递性。不过，某人是另一人的姐妹这件事是有传递性的。那么某人是另一人的朋友这件事呢？你是你朋友的所有朋友的朋友吗？

那么和某人结婚这件事呢？如果我们生活在多配偶制被法律禁止的社会中的话，你就只能跟一个人结婚。也就是说如果 A 和 B 是夫妻，并且 B 和 C 是夫妻，那么 A 和 C 就必须是同一个人。也就是说，A 和 C 肯定不是夫妻。

最后我们来看看第 7 个问题。如果 A、B 和 C 这三个地点都在同一个城市或国家的话，这个问题的答案就是肯定的。但如果这三个地点是地球上的任意地点的话，问题答案是否肯定就不确定了，因为地球是圆的，你可以往东一直走下去，最终回到原点。在这个例子里，比起允许三个地点是世界上的任意地点，设定一些限制（比如三个地点在同一个城市或国家）[①] 能让这个问题变得更容易理解。

现在让我们回到数字的例子。"可以被某个数整除"具有传递性。但为了有效地证明这个结论，我们需要把"可以被某个数整除"变成一个可以用逻辑规则来检验的精确描述。这又是另一个可能让人们感到不习惯的步骤。为了能够运用逻辑规则，我们必须离开我们已经熟知的那些关于数字的知识和情境，离开我们的舒适区。但这一做法的长远回报是巨大的——有很多领域是你可以借助逻辑推理来理解却无法用本能和直觉来理解的。就像你必须离开舒适的家才能登上飞机去看世界一样。具体而言，在我们这个整除的例子里，这个步骤是这样做的：

[①]　也许听起来不像，但这个问题其实是一个真实存在的数学问题。数学家会通过先将目光聚焦于小的区域来研究复杂的大区域问题。他们甚至会在数学分析中用到"社区"这个词。

A 可以被 B 整除，

意味着，

A 是 B 的整数倍，

也就是说，

$A = k \times B$，其中 k 是整数。

现在我们可以开始论证了。当我们用精确的数学语言来描述这个问题时，我们会使用一种非常特殊的描述结构，从而让每个人都能理解并同意你所描述的东西。这就像是在写一个有开头、中间情节和结尾的故事，只不过在告诉每个人中间情节是什么之前，你先告诉了他们结尾是什么。

开头就是你对于假设和定义的描述。就像设定故事的主要场景，或者在戏剧的开场列出全体演员的名单一样。它很可能看起来就像这样：

定义 对于任意自然数 A 和 B，只要 $A = k \times B$，并且 k 是自然数，我们就说 A 可以被 B 整除。

现在我们告诉所有人这个故事的结尾是什么，也就是我们的目标结论。在数学里，对不同结论的命名有高下之分，这取决于结论的重要性和开拓性。一个重要性较小的结论被称为"辅助定理"或"引理"（lemma），一个中等重要的结论被称为"命题"（proposition），一个相当重要的结论被称为"定理"（theorem）。当人们觉得一个结论可能为真，但该结论还未被证明，那么这一结论就被称为"猜想"（conjecture）或"假说"（hypothesis）。因此，我们有"庞加莱猜想"和"黎曼猜想"，也有"费马大定理"。

事实上，数学家们在给这些结论命名时并非总是意见一致：一个结论该被叫作"猜想"还是"假说"并没有非常确切的标准。不仅如此，以费马大"定理"为例，费马大定理一直被称作"定理"实际上并不合规，因为它是在这样被命名了358年后才有人发表了对它的第一个证明。在此之前，它只是一个未被验证的猜想或者假说。此外，还有一些非常重要的结论却被称作"引理"，这听起来像是假谦虚，实际上则很可能是因为在最开始完成论证时，它们的重要性还未被充分认识到。

庞加莱猜想讨论的是哪些三维形状是可能存在的。它是对于以下二维定论的三维版推论：如果一个二维的曲面没有棱角，并且这个二维曲面是一个没有洞的三维实体的曲面，那么这个二维曲面一定是球面。我们很难想象这个结论的高维推论，因为这要求我们想象出四维的实体——一个难以视觉化，却很容易借助数学推导出来的概念。昂利·庞加莱在1904年提出这个猜想，它被称作"猜想"是因为庞加莱不知道怎么证明它。直到100年后，这个猜想才最终被格里戈里·佩雷尔曼证实。

黎曼猜想是关于质数分布的。质数就是只能被1和它本身整除的数，最初的几个质数是2、3、5、7、11、13、

17……你也许觉得它们应该有某种规律，但其实不然：我们无法预测质数会在哪里出现。但我们有办法预测它们更可能出现在哪些地方，黎曼猜想就是一个很好的预测方法。波恩哈德·黎曼于1859年提出了这个猜想，但该猜想直到今天仍未被最终证明，所以到目前为止，它仍然被称作"猜想"。

我们想要证明的关于整除性的结论是关于数字的一个比较重要的结论，所以，依据前文的定义，我把它称作一个命题。

命题　如果 A 可以被 B 整除，并且 B 可以被 C 整除，那么 A 就可以被 C 整除。

我已经告诉了你故事的开头和结尾，现在，我要告诉你这个故事最重要的部分了：中间情节，也就是从开头走向结尾的整个过程。这就是数学证明。

证明：

假设：

1. A 可以被 B 整除，即 $A = k \times B$，其中 k 为自然数，并且

2. B 可以被 C 整除，即 $B = j \times C$，其中 j 为自然数。

则 $A = k \times j \times C$，并且 $k \times J$ 是自然数。

所以 $A = m \times C$，其中 m 为自然数。

因此，根据定义，A 可以被 C 整除。

证明完毕。

数学家并不会真的在证明的结尾写上"证明完毕"这几个字，他们通常会画一个正方形表示证明完毕，或者写下"QED"这三个字母，即"quod erat demonstrandum"的缩写，该短语可大致翻译为"这就是我们试图证明的结论"。

你有没有跟上我们刚刚的证明步骤？你是否在我们探讨证明过程之前就对原先的结论感到很满意了呢？下面有另外一些关于"为什么"的问题及其对应的不同强度的答案。你可以问问自己，对于这些答案，你是会认为它们不够有说服力，还是对其感到满意，抑或认为这种解释过于复杂，没什么必要呢？根据你的答案，你可以判断出你更适应哪种程度的抽象。

问题：为什么有人会用三脚凳？

1. 因为三脚凳比四脚凳更为牢靠。

2. 因为当你把四脚凳放在地上时，其中一只脚可能会因为比另外三只脚高出一些而无法完全与地板贴合，这样一来这个凳子坐起来就会没有那么稳固。

3. 因为经过三维空间中的任意三点的平面有且只有一个，而经过三维空间中任意四点的平面可能并不存在。

问题：为什么八度音听起来很悦耳，而其他的音符组合听起来没有那么和谐？

1. 因为八度音本质上是同一个音的两个版本，所以它们组合在一起听起来很和谐。

2. 因为八度音是一种天然泛音，所以当你弹其中一个音的时候，比它高八度的和声就已经产生了。

3. 因为高八度音的波长是低八度音的波长的一半，所以它们彼此不会干扰。

　　在以上每个例子里，所有三个答案都是正确的，但它们分别提供了不同强度的解释。现在，请你问问你自己，你是对第一个答案感到满意？还是仍然好奇，想要寻求更深层次的解答？你的选择完全属于个人偏好，其关乎你愿意将哪种事实认同为"基本"事实或"既定"事实。除了逻辑规则，数学几乎不假定任何事实是基本的或者既定的——它总是在寻求更深层次的解释。

5 推广

 橄榄油李子蛋糕

配料

2~4 个李子

1 个鸡蛋

100 克磨碎的杏仁

75 克龙舌兰糖浆或枫糖浆

75 毫升橄榄油

方法

1. 李子切薄片，将切片切口朝下一片接一片整齐摆在铺好烘焙纸的蛋糕模具里。

2. 把剩下的配料搅拌在一起，轻轻倒在李子切片上面。

3. 将烤箱温度设定为 180℃，烤 20 分钟，或烤至蛋糕定形且呈金黄色。

4. 将烤制好的蛋糕从模具中倒扣出来，这样李子切片就在蛋糕的表面了。

如果你发明过食谱，你就会知道你需要先从一本食谱书，或是互联网上的一个既有食谱着手，然后根据你自己的喜好、一时兴起或过敏症来调整这个食谱。也就是说，你会从一个你熟悉和喜欢的情形入手，看看你能对它做些什么改变，让它变得稍有不同——或者变得更好。

我小的时候对食用色素过敏，因此我的父母出于对我的爱研究出了如何在不使用那些可爱（或可怕）的色彩鲜艳的果冻粉的前提下制作果冻。长大后，我开始跟某个对小麦过敏的人约会，于是我为他发明了很多不含小麦粉的甜点食谱。（相比之下，做不含小麦粉的主菜更容易一些。）再后来，我开始减少糖的摄入量，而我的一些朋友开始避免摄入奶制品……现在，常有人抱怨在给朋友做饭的时候，太多人有各种奇怪的饮食限制，这让做出适合所有人口味的饭菜几乎是不可能的。如果你也面临这样的问题，那么你有这样几个选择：你可以拒绝邀请他们来吃饭，你可以想做什么做什么，彻底忽略他们的饮食喜好，你可以请他们自带食物，或者，你也可以直面挑战，在遵循每个人的饮食限制的前提下，做出适合所有人的食物。

我发明这个橄榄油李子蛋糕的初衷就是做出让来参加聚会的坚持无麸质饮食、无奶制品饮食、无糖饮食以及坚持原始人饮食法的各位朋友都能吃的蛋糕。当时，唯一不能吃这个蛋糕的是一位在那段时间里坚持只吃西葫芦和印度酥油的客人。每个人都表示蛋糕很美味，但当他们问我这种蛋糕叫什么名字的时候，我却回答不出来，因为它并不是传统意义上的"蛋糕"，只能算作一种广义上的蛋糕。它和蛋糕有很多共通之处：它看起来像蛋糕，做起来像蛋糕，扮演蛋糕的角色，但仍然不完全是蛋糕。在一个普通蛋糕不适用的情境里，它解决了我面临的困境。

这就是数学中"推广"（generalisation）这个概念的意义——你

从一个你熟悉的情境出发，对其稍加改动，使其可以应用于更多的其他情境。这个概念之所以被称为"推广"是因为它对某个概念的内涵进行了扩充，于是，"蛋糕"这一概念就可以将一些近似蛋糕但并不完全是蛋糕的其他食物囊括在内。这并不等于笼统的陈述，那是这个词的另外一种用法，我们在后文中会再次探讨这个问题。

一个关于推广的例子是我们如何从全等三角形推广到相似三角形的。全等三角形指的是完全一样的两个三角形——它们的内角度数、边长全都相同，也就是说，它们的"形状"和"大小"完全一样，如下图所示：

而相似三角形只需要两个三角形"形状"相同即可，并不要求"大小"相同，也就是说，它们的内角度数是一样的，但边长一样这个条件被去掉了。

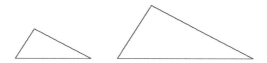

因为我们去掉了一个条件，让规则变得更宽松了，所以现在有更多对三角形符合这个条件，而与此同时，它们仍然有别于随机出现的一对三角形。

无面粉巧克力蛋糕
通过省略来创造

假设我们希望"证明"这件事：你必须把水烧开，然后才能拿它来泡茶。你也许会试着用未烧开的水来泡茶，然后你可能发现这次的茶很难喝（或者根本喝不出味道），于是你下结论说：是的，你的确需要把水烧开才能泡茶。

或者，你可能希望"证明"这件事：你需要为汽车加汽油才能驱动汽车前进。你试着启动油箱已空的汽车，发现无法启动。于是你下结论说：你的确需要为汽车加汽油才能驱动汽车前进。

在数学里，这种证明方法被称为"反证法"——做与待证结论相反的事，然后证明在这种情况下你会得到完全错误的结果，于是得出待证结论是正确的这一判断。

> 这里有一个关于反证法的小例子。假设 n 是一个整数，并且 n^2 是奇数。我们要证明的是：n 必须也是奇数。
>
> 现在我们假设结论的反面是真的，即假设 n^2 是奇数，但 n 是偶数。然而，一个偶数乘以一个偶数总会得到偶数，这就会让 n^2 成为偶数。而这与 n^2 为奇数的前提相矛盾。因此，我们之前的假设是错误的。也就是说，原假设中 n 为奇数的结论一定是真的。

有时，反证法并不能让人满意，因为它并没有解释为什么一件事是真的，它只解释了为什么一件事不可能是假的。我们在后文中会反过来继续探讨这个关于"富有启发性的"和"无启发性的"证明之差别的问题，以及某件事如果不假必然为真这个预设。

一个更有名、更长的反证法案例是关于 $\sqrt{2}$ 是无理数的证明，即证明 $\sqrt{2}$ 不能被写成分数 a/b（其中 a 和 b 为整数）这一形式。你也许知道 $\sqrt{2} = 1.4142135\cdots$，并且它的小数位"无限不循环"，这些要素都是无理数的特点，但并不能作为一种证明。以下是我们的证明过程。

证明：我们假设待证结论为假，因此我们假设存在两个整数 a 和 b 使得 $\sqrt{2} = a/b$。关键在于，我们在这里需要同时假设这个分数是最简分数，也就是分子和分母没有除 1 以外的公因数使得该分数可以被约简。

现在我们分别把等式两边取平方，得到：

$$2 = \frac{a^2}{b^2}$$

所以　　　　　　　　$2b^2 = a^2$

目前为止，一切看起来简单明了。现在我们知道的是，a^2 是某个数字的两倍，也就是说它是一个偶数。因此 a 必须也是偶数，因为我们刚刚证明过，如果 a 是奇数，则 a^2 也是奇数。

那么，a 是偶数意味着什么呢？意味着它可以被 2 整除，也就是说 $a/2$ 仍然是一个整数。所以我们可以说：

$$\frac{a}{2} = c$$

所以 $$a = 2c$$

现在把上面这个等式代入之前的等式，得到：

$$2b^2 = (2c)^2$$
$$= 4c^2$$

所以 $$b^2 = 2c^2$$

现在我们可以用之前证明 a 为偶数的方法来证明 b 也为偶数。从上面这个等式中，我们可以看出 b^2 是某个数字的两倍，所以它是一个偶数，也就是说 b 一定是偶数。

现在我们发现 a 和 b 都是偶数。但我们在最开始假设了 a/b 是一个最简分数，也就是说 a 和 b 不能都是偶数。如此，我们就发现了一个矛盾。

所以我们一开始的假设，$\sqrt{2} = a/b$ 是错的，也即 $\sqrt{2}$ 不能被写成分数的形式，因此它是一个无理数。

反证法是一种非常有效率的证明方法，当数学家无法直接证明一个结论为真的时候，他们可能会将反证法作为万不得已的最后手段——证明待证结论不可能是假的。有时，反证法可能并不能达成你期待的效果。比如，也许你尝试证明做巧克力蛋糕必须用到面粉。于是你试着做了一个不含面粉的巧克力蛋糕，结果你发现味道也不错。实际上，你所做的事情是发明了一种全新的蛋糕：无面粉巧克力蛋糕，而这种蛋糕目前在许多高档餐厅十分流行。

酵母和面包的关系也是如此。你也许希望证明做面包必须用到酵母。于是你尝试着做了不加酵母的面包，从而意外"发明"了无酵饼。

类似的事情在数学里也会发生——一开始，你希望证明的是某件事是不可能的，最后却意外地发现它其实是可能的，虽然你得到的结果可能与待证结论稍有不同。这是推广的一种可能的方式，几乎完全出于偶然。符合此描述的最重要的一个例子发生在几何学领域，与平行线有关。

平行线
欧几里得的天才

在很久以前，欧几里得就尝试着总结出了几何学的规则。他的初衷是确定几何学的公理，即列出一张包含所有关于几何学的事实都可以据此推导出来的基本规则的简短清单。这些基本规则应该是一些最基本的事实，你无法想象它们可以由任何其他的事物推导出来——它们的真不证自明。

不管怎样，欧几里得最终想出了4条非常简单而直观的规则，以及一条复杂到令人恼火的规则：

1. 经过任意相异两点有且只有一条直线。
2. 将一条线段延长为无限长的直线有且只有一种方法。
3. 对于确定的圆心和半径有且只有一个圆。
4. 所有的直角都相等。

这些听起来都很直观，不是吗？再看看第五条：

5. 只要足够长，任意三条直线总会构成一个三角形，除非它们
   彼此垂直。

最后一条规则的意思是，如果三条直线彼此垂直的话，其中两条就是平行线，那么不管它们有多长，它们都不会相交。

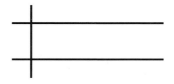

这就是为什么第五条规则也被称为"平行公设"，虽然它实际上并没有直接提及平行线这个概念。第五条规则也告诉了我们，三角形的三个内角之和总是 180°。

第五条规则听起来比其他几条复杂很多，因而几百年来，很多人试图证明它是一条多余的规则，也即它可以由其他四条规则推导出来。大家都认同这条规则是正确的，唯一的分歧在于它是否需要这样被强调，是不是有了其他的规则，我们自然就能推导出这条规则，而不必特意多说一遍。

为了证明这个判断，人们来回地兜圈子。偶尔，他们觉得自己已经用前四条规则推导出了第五条规则，但事实上他们总是在证明的过程中不小心用到了一些对他们而言不证自明，但实质上只不过是将第五条规则微妙地转换了形式的几何假设。所以，他们所做的不过是用

第五条规则自身来证明第五条规则，算不上是多么石破天惊的发现。

最后，大家决定用反证法来证明它。也就是说，他们先假设前四条规则是真的，最后一条是假的，然后尝试着在证明过程中发现矛盾。

有趣的事发生了，就像无面粉巧克力蛋糕一样，证明过程中矛盾没有出现，反而是一种新的不同的结论被发现了——他们发明了一种几何学的新形式。

我们现在已经知道有两类几何情形不遵循平行公设。其中一种是球状物体的表面，比如球面或橄榄球表面，在该表面上，三角形内角之和大于180°。这种新的几何学形式也被称作椭圆几何。

另一种情况是向内凹陷的曲状表面。在该表面上，三角形内角之和小于180°。这种新的几何学形式也被称作双曲几何。

> 而最原始的平行公设成立于表面为平直表面的情形，这种数学情形就被称作欧几里得几何。

出租车

对"距离"概念的推广

在英语中，我们常用"像乌鸦一样飞"这个短语来表示走直线，但当你真的去旅行的时候，你就会发现走直线几乎是不可能的。因此，从 A 地到 B 地的距离通常取决于你准备怎么走。并且，这种选择也会影响距离远近对你的重要性。

如果你准备坐火车前往目的地的话，你通常会在起点买好票，而且也不用考虑火车具体走了多远的距离这个问题。但如果你准备坐出租车前往目的地的话，你就会很在意整个路程到底有多远。要注意，我们讨论的不是两地间的直线距离，而是"出租车行驶的距离"。这件事会受到很多因素的影响，比如出租车司机会不会绕远。对此，我们最好假定出租车司机是诚实的，选择了最佳路线，就像我们假定乌鸦会飞直线而不会为了看风景绕路一样。但两者的主要区别在于，在当前这种情况下，出租车行进的距离还取决于一些额外的因素，比如是否经过单行道等，因此，适用于直线距离的原则就不再适用于出租车出行了。（也许有一天我们能发明出会飞的、可以走直线的出租车，但据我所知，目前我们还做不到。）

举个例子，对于乌鸦来说，从 A 到 B 的距离等于从 B 到 A 的距离。但对于出租车而言，情况就未必如此了。比如，你坐出租车从单行道的一端开到另一端，就比你从另一端绕路回到这一端的距离要短很多。

如果我在谷歌地图上查从谢菲尔德火车站到谢菲尔德市政厅的路线的话，我会得到这样的结果：

坐汽车从火车站到市政厅	1.4 英里
坐汽车从市政厅到火车站	0.9 英里
直线距离	0.5 英里

对于像伦敦这样的城市，人们很难计算出在乘坐出租车的情况下从 A 地到 B 地的距离，因为这类城市的单行道系统很复杂，道路曲折，而且你往往会因为担心出租车的费用过于昂贵而无法专心计算距离。所以我们这里以芝加哥为例，芝加哥的出租车行驶距离要容易计算得多，原因有如下几个：

1. 芝加哥的道路系统是网格状的，其道路又长又直，且彼此垂直。这是最主要的原因。

2. 芝加哥的门牌号是以距离命名的，所以"5734 号南"（芝加哥大学数学系的门牌号）就表示这个地址在 0 号以南多远，而不是说它是南面的第 5734 栋楼。我第一次知道这件事时惊叹极了。在已知每 800 号等于 1 英里的前提下，计算出租车需要行驶的距离就相对容易许多了。

3. 芝加哥的单行道系统比较合理，所以通常而言你不太需要绕路，只要你对这个系统足够熟悉，能在适当的时候转弯即可。

4. 芝加哥的出租车价格比伦敦便宜很多，所以我不会因为担心
费用昂贵而烦躁不安。

　　除了因为担心费用昂贵而心情烦躁以外，以上情形
对于出租车和其他交通工具而言都是适用的。但我之所
以拿芝加哥的出租车为例，是因为这是一个真实存在的
数学概念，叫作"出租车几何"（taxicab metric）。也许是
因为此类问题的确是数学家会在乘坐出租车时思考的问
题吧，当他们使用其他的交通工具时，他们可能会更关
注交通情况。我们正是通过探讨距离一类的概念应该具
备哪些特质，才逐渐建立起度量这个概念的。

　　当然，芝加哥的道路系统并不是一个严格意义上的网格状系
统，它还包括以对角线形式穿越整个网格系统的大型高速公路。但
我们现在暂且不考虑对角线公路这一细节。我们会在下文中看到，
丢掉一部分会带来麻烦的细节就是一种"理想化"，这对数学而言
是一个很重要的环节。这件事可能会让人感到沮丧（毕竟对角线形
式的高速公路是真实存在的），但这种做法的目的是理解某些事物
的运作原理，而非建立一个精确的模型。我们现在的目标是解释清
楚"距离"这个概念。既然我们已经把芝加哥变成一个出租车行驶
方便的、道路彼此垂直的"理想化的网格体系"，那么从 A 地到 B
地的出租车行驶距离就可以简化为：

水平距离 + 垂直距离

也就是说，无论出租车司机选取了怎样的路线，其整个行驶距离也不可能短于先一路横着开，再一路竖着开的行驶距离。即使我们在不同的路口转弯，比如像这样：

整个行驶距离还是一样，因为我们不考虑转弯的时间。然而，如果我们以一种完全不合理的方式在中途来回转弯，那么整个行驶距离就会变长，比如像这样：

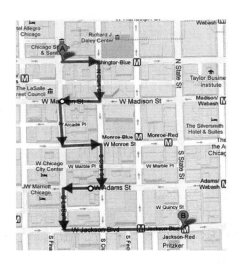

如果你还记得毕达哥拉斯定理的话，你也许会记得它告诉了我们如何计算一个直角三角形的斜边长度。在我们这个例子里，计算斜边的长度就相当于计算两地之间的直线距离。

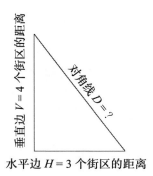

水平边 $H = 3$ 个街区的距离

毕达哥拉斯定理是这么说的：

斜边的平方等于两个直角边的平方之和。

将该定理应用于上图这个例子，则：

$$D^2 = V^2 + H^2$$

如此，我们就可以算出斜边，也就是两地间的直线距离 D：

$$D = \sqrt{V^2 + H^2}$$
$$= \sqrt{4^2 + 3^2}$$
$$= \sqrt{16 + 9}$$
$$= \sqrt{25}$$
$$= 5$$

换句话说，乌鸦只需要飞 5 个街区的距离就可以从 A 地到达 B 地。而出租车需要行驶的水平距离加上垂直距离是：

$$出租车距离 = V + H$$
$$= 4 + 3$$
$$= 7$$

也即出租车需要行驶 7 个街区的距离。乌鸦知道沿对角线飞距离更短。但对于出租车来说，即便我们沿着对角线的方向行驶也不会更快到达目的地，因为我们还是要沿着横向和纵向的道路交替前进，而这些距离加起来与先一路横着开，再一路竖着开的总距离是一样的，甚至更糟：因为我们要拐更多的弯。

即便如此，出租车的行驶距离仍然是一个很合适阐述"距离"

概念的情境，而且也是一个很好的关于推广的例子。我们又一次从我们熟悉和喜欢的概念出发，延伸出了其他一些类似的但又略有不同的概念。那么，还有什么其他的事物符合"距离"这个定义呢？这个理想化的出租车行驶距离符合直线距离的两条规则。

- 当 A 和 B 是同一地点时，从 A 到 B 的距离为零，并且这是距离为零的唯一可能的存在形式。
- 从 A 到 B 的距离等于从 B 到 A 的距离。

还有第三条规则。这条规则与毕达哥拉斯三角形有关，它说的是：如果你想从 A 地到 B 地去，并且中间需要经过任意点 C，那么这段距离永远不可能短于 A 与 B 之间的直线距离。通常，经过点 C 会让距离变长，如下所示：

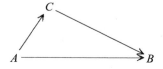

而在最佳情况下，C 点位于从 A 到 B 的直线路程，此时从 A 到 B 的直线距离与从 A 到 B 且经过 C 的距离就是相同的。

$$A \longrightarrow C \longrightarrow B$$

（当然，你大概很难给你的出租车司机解释这些。）这个关于中途经过某地的情形在数学中被称为"三角不等式"，因为它与三角形的三边关系有关。这一次，这个三角形不再必须是一个直角三角形了。

该规则看起来就像是毕达哥拉斯定理的一个弱化版本。

毕达哥拉斯：是的！如果我们有一个直角三角形且已知其中两边的边长，我们就能精确计算出该直角三角形第三边的长度！

三角形不等式：呃，如果我们有一个非直角三角形的话，我们就知道"在最坏的情况下"第三边的长度等于另外两边之和。

这里所谓"最坏的情况"指的是"最长距离"（因为我们讨论的情境是出租车行驶距离），也就是说，如果三角形的三边分别是 x、y 和 z 的话，那么 x 最大可以是 $y + z$。你可以想象在这种情况下，我们会得到一个极其平扁、细长的三角形，其中 y 边和 z 边将三角形向两边撑开，因此 x 边必须非常长才能与它们连接上。就像这样：

现在，让我们想象三角形的边是三个地点 A、B 和 C 之间的距离，这样我们就可以得到前面介绍的"中途经过点"的规则了。

就我个人而言，这个三角不等式有两点很有意思。第一点是，出租车行驶距离也遵循这个规则。第二个是，有一种非常常见的"距离"概念的实际应用情形并不遵循这个规则。第二点常常让我感到沮丧，这个情形就是火车票。

火车票
对"距离"概念的继续推广

如果你在英国坐过很多次火车，你就会明白我的意思。有时候，当你想坐火车从 A 地去 B 地的时候，你会很气愤地发现，买两张先前往某个中间地点、再前往最终目的地的单程票的价格要低于买一张从 A 地到 B 地的直达火车票的价格。更让人觉得愚蠢的是，有时你甚至不需要另选一条路线，前往某个你本来不需要去的中间地点——你只需要把本来的行程分成两段，甚至不需要中间下车，就可以用更少的钱到达目的地。注意，这里我们讨论的不是 A 地到 B 地的距离，而是这段路程的票价。在一个理性的世界里，火车票价格应该遵循三角不等式——在从 A 地到 B 地的路途中经过另一地点 C 的行程票价不会低于直接从 A 地到 B 地的行程票价。但在实际生活中，它并不遵循这个规则，或者至少存在不遵循此规则的可能性。

以从谢菲尔德到卡地夫为例。买一张从谢菲尔德到伯明翰的火车票和一张从伯明翰到卡地夫的火车票的总价格，要比直接买一张从谢菲尔德到卡地夫的火车票便宜。

而以从谢菲尔德到盖特威克为例的话，那么买一张从谢菲尔德到伦敦的火车票和一张从伦敦到盖特威克的火车票的总价格，要比直接买一张从谢菲尔德到盖特威克的火车票便宜。

或者，以从谢菲尔德到布里斯托为例的话，买一张从谢菲尔德到切尔滕纳姆的火车票和一张从切尔滕纳姆到布里斯托的火车票的总价格，要比直接买一张从谢菲尔德到布里斯托的火车票便宜。

除此以外，英国的火车票票价还有一些其他的奇怪现象，比如：

- 有时，头等舱比经济舱更便宜。
- 有时，行程越远反而越便宜，比如从伦敦到伊利要比从伦敦到剑桥的车票价格便宜，而剑桥实际上是从伦敦前往伊利途中的一站。
- 有时，可全天使用的通票（可以在一天内的任何时候使用）反而比只能在非高峰时段使用的通票更便宜。

后面几个现象很难用之前我们提到的关于距离的三条规则来解释，因为它们更多受到价格和距离的关系或价格和时间的关系的影响，所以在这里我们暂且不去讨论它们。在数学中，我们通常会优先处理简单一些的问题，这并不是因为数学家都是胆小鬼，而是因为复杂的问题通常建立在简单问题的基础之上，所以我们必须先解决简单的问题。

为了明白这些规则为什么起作用，看看它们在什么情形下不起作用会很有帮助。为什么人们不能在地铁上吸烟？因为会引起混乱。为什么人们不能在地铁站吸烟？因为会造成火灾，带来人员伤亡。这就像我们试图理解事物背后的原理，而不只是记住这些规则或盲从食谱一样。

现在，我们的三条关于距离的规则如下。

- 当 A 和 B 是同一个地点时，从 A 到 B 的距离为零。这也是从 A 到 B 距离为零的唯一可能的存在形式。
- 从 A 到 B 的距离等于从 B 到 A 的距离。
- 从 A 到 B 途径 C 的距离不可能短于从 A 到 B 的直线距离。

以上就是我们总结出的一些关于距离的公理，而现在，我们要做人们在规则面前通常忍不住要做的事：试着打破规则。在数学里，打破规则的目的不是标榜叛逆，而是检验这个规则的有效性和应用边界。

我们已经看到了打破规则三（火车票）和规则二（单行道）的两个关于距离的实际案例，那么规则一呢？也许你认为打破规则一的实际案例是不存在的，但它的确存在。

网络约会
对"距离"概念的进一步推广

全球卫星定位系统（GPS）是一种神奇的技术。它的出现让我比以往更少迷路了，尤其是在坐公交车的时候，因为我可以在车上通过实时更新位置信息的手机地图跟踪自己的定位，然后奇迹般地在正确的站下车。

GPS 也让网络约会变得快捷许多。在原先的慢速模式里，你可以通过对方公开的文字信息知道其是否与你在同一个城市，或者是否在你方圆 100 英里①或 200 英里以内。而有了 GPS 以后，你可以直接看到对方此刻距你多少米远。我曾经看到过我的朋友在酒吧里使用手机约会软件（当然，只是为了好玩……），我切身感受到了看到某个你心仪的约会对象距离你很近，并且越来越近时的那种激动。"看，这个人距离我只有 200 米远……150 米……50 米——等等，难道他已经和我在同一个地方了？"

然而，GPS 显示的距离也可能与实际不符，因为它是根据卫星定位系统进行计算的，并没有考虑到你所在的位置距离地面的高度。我的一个朋友曾独自一人在酒店的房间里待着，然后很困惑地看到有很多有趣的聚会正在距离他"0 米远"的地方举行。"可是，"他抱怨说，"我还是一个人待在酒店的房间里啊。"

这也是一个关于距离的实际案例，而且它并不遵循规则一——当且仅当你与某人处在同一地点时，你与其距离为零。这个情境还有一些比网络约会更有意义的应用实例。比如，如果你遇到的与距离有关的问题并不是从 A 地走到 B 地，而是把某物从 A 地运到 B 地所需的能量呢？这样一来，如果 A 地就在 B 地的正上方，那么你就可以直接把东西扔下去，因而把东西从 A 地搬到 B 地所需要的能量就为 0，尽管 A 地和 B 地并不是同一个地点。

在数学里，关于距离的问题被称为度量问题。对于此类问题，还有一条无须言明的规则是：从 A 地到 B 地

---

① 　1 英里 ≈1609.344 米。——编者注

的距离不可能为负。然而，在某些情况下，甚至连这条规则都可能不再成立，比如，我们希望计算把东西从 A 地运到 B 地需要多少钱。而在现实中，你不但可能不需要自己出钱，甚至可能会有人付钱给你请你做这件事。欧洲商人会付钱给哥斯达黎加的咖啡农，请他们把他们的咖啡运到欧洲，然后从中提炼咖啡因。对于能量饮料的制造而言，这种原料十分宝贵。

在数学中，考虑违背一条或几条关于度量的规则的情况，是一种对距离这个概念进行推广的有效方法。另一种方法则是将推广和抽象结合起来，该方法将引入"拓扑学"，这是我们本章后文会讨论的问题。

三维的笔
通过增加维度来推广

我们刚刚已经看到，借助 GPS 技术实现网络约会的问题在于，GPS 假设我们身处于一个二维世界。这种假设对于开车找路是有帮助的，但对于在摩天大楼里寻找潜在约会对象就不那么有帮助了，因为在这种情况下，第三个维度很重要。

增加维度是数学推广的一种重要形式。有一个笑话是这么说的，如果你参加了一个数学研讨会，那么即便你什么也没听懂，你也可以提出一个听起来很像模像样的问题："这可以推广到更高的维度吗？"。

球面是圆形在更高维度上的推广，当然前提是你要用正确的方式看待圆形。让我们来想一想我们是怎么用圆规画圆的（虽然现在我们通常会直接借助电脑上的"画圆"程序来画）。首先，你要选择某个尺寸作为圆的半径，比如 5 厘米。然后，你需要将圆规一脚固定于圆的中心点位置，用活动的另一脚画出所有距离中心点 5 厘米的点。

现在假设你有一只可以在空中画图的笔（这是我一直梦想拥有的）。将这支笔作为圆规的一脚，然后用它来画出距离某个中心点 5 厘米的所有方向的点。你就得到了一个球面。

数学家们很乐意就此把这个概念推广至四维、五维甚至更高维度的空间，虽然我们很可能并不知道更高维度的空间本身究竟意味着什么。根据这个概念的定义本身，一个四维空间中的半径为 5 厘米的球面就是"那个空间里所有距一个固定点的距离为 5 厘米的点"。因为这只是一个概念，而不是一个实物，所以我们知不知道它看起来是什么样子的并不重要。重要的只是这个概念本身是合理的。不过，对于一个概念而言，在某个方向上的推广是合理的并不意味着就不存在其他合理的推广方向了。

甜甜圈
关于圆的不同推广

想象一个甜甜圈，一个环形的甜甜圈，如下图所示。

当数学家们说"甜甜圈"的时候，他们指的都是环形的甜甜圈——至少在他们讨论数学的时候是这样。也许他们该改口称其为"贝果面包"或面包圈。

你可以怎样推广甜甜圈这个概念呢？最直接的办法是给它更多的洞，比如有两个洞的甜甜圈。

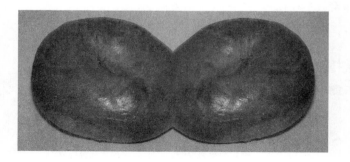

但我们还有另外一种推广的方式。在使用这种方式时，我们需要更仔细地看待我们的甜甜圈。当数学家们思考甜甜圈的时候，他们通常只是在讨论甜甜圈的表面，而不是实心的甜甜圈。类似地，当他们说"球"的时候通常指的只是球面，就像只考虑橙子的表皮而非整个橙子。一个球面就像一个气球，它的内部是空的。

甜甜圈也是如此。想象一下用魔法把一卷卫生纸转化为一个可随意拉伸的橡胶材质的圆筒，然后把它弯成一个圆圆的环。或者，想象一下把一个彩虹圈弯成一个圆，头尾相接，如下图所示。它看起来和一个环形甜甜圈很像，只不过它是中空的。

它的数学名称叫作"环面"（torus）。

现在让我们回顾一下我们是如何把一卷卫生纸变成一个环面的。或者，你也可以想象用泡泡制作一个类似的形状：用一个沾着足够多泡泡液的大的泡泡棒在空气中拖出一个大泡泡——不是用嘴吹，而是边走边拖泡泡棒，在绕了一个圈之后，这个泡泡环就能头尾相接了。它的样子看起来就像一个大型甜甜圈——一个空心的甜甜圈，一个空心的泡泡甜甜圈。

我们通过在空中以圆形轨迹拖泡泡棒得到了这个环面，这也说明环面是圆形的一种推广——我们所做的不过是改用泡泡棒而非画笔在空中画圆。现在，进一步对环面这个概念进行推广可能就会变得有些奇怪了。想象一下拖着一整个甜甜圈在空中画出圆的轨迹。你很难想象它的样子，因为它并不适合三维空间，但至少你大概可以想象得到它绝对不是一个两个洞的甜甜圈。

概括性陈述
另一种推广方式

　　"英国总是下雨。"

　　"火车从不准时。"

　　"看歌剧很贵。"

　　"你总是那么说。"

这些都是概括性陈述的例子，也属于推广的一类。不过，这种推广方式与你把一个普通甜甜圈变成一个有两个洞的甜甜圈不同。这种推广更多的不是放宽一些条件让更多的符合者进来，而是暂时忽略一些没那么重要的因素，聚焦于核心属性。

当然，这些概括性陈述并不是完全正确的：火车偶尔也会准时；英国总有不下雨的时候；你可以很容易在伦敦买到 10 英镑以下的歌剧票；你也不是"总是那么说"（不管那具体是什么），只是在特定情况下才会那样说。问题是，这些例外重要吗？我们主要研究的是例外情况还是通常情况下的行为？

答案是，我们两者都研究。我们不可能只研究一个而不管另一个。从例外情况中，我们可以学到很多有趣的东西，即使那些例外情况很罕见，并且没那么有代表性。而如果我们不研究常规情况，我们又如何知道某种情况是反常的呢？这就需要我们暂时忽略特殊情况了。

甜甜圈和咖啡杯
拓扑学入门

结合我们之前关于距离问题和甜甜圈的讨论，我们便来到了数学的一个名叫"拓扑学"的分支，它研究的是事物的形状。我们已经讨论过多种关于距离概念的推广方式，由此我们得到了很多类似距离，但又并不完全符合距离概念的所有规则的事物。

现在，我们可以更进一步推广这个概念了，因为有时候我们并不关心两个事物的距离究竟有多远，而只想知道我们能不能从一地去到另一地，以及怎么去。如果你住在英格兰南面的话，怀特岛也许离你比苏格兰更近，但事实上你并不能直接开车过去——这完全是另外一种麻烦。

同样的问题在城市街区也是存在的。比如在芝加哥这样的城市里，你可能突然就从一个街区来到了另一个街区，虽然实际上你只过了一条马路——整个路程很短，但你已经来到了一个不同的街区。

不关心距离也就意味着不关心尺寸，就像相似三角形一样，以下这些圆形也可被视为"相同"：

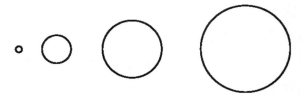

另外一个我们并不太关心的问题是曲率。所以下面这两个形状也可被视为"相同":

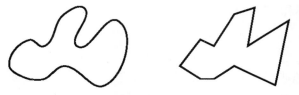

我们现在只关心一个东西有多少个洞。所以在我们现在讨论的体系里,不仅所有的三角形是"相同"的,而且三角形和正方形、圆形也是"相同"的:他们都属于只有一个洞的形状。相比之下,数字 8 则属于完全不同的另一种形状,因为它有两个洞。

思考这个问题的一种方法是想象所有东西都是用橡皮泥做的:想象一下你能否将一个形状捏成另一个形状,同时保证不制造出新的洞,也不需要将其他的形状粘在它上面。

问题:字母表里的哪些大写字母在这个形状可塑的情境下是"相同"的?

- 没有洞的字母:C E F G H I J K L M N S T U V W X Y Z。
- 有一个洞的字母:A D O P Q R。

- 唯一一个有两个洞的字母：B。

这说明，从拓扑学的角度讲，大部分字母都是一样的。这也正是电脑很难识别手写字母的原因之一。

我们也可以尝试在更高的维度讨论这个问题。想象一下我们用一团橡皮泥做出一个甜甜圈。我们有两种制作方法：你可以先捏出一个香肠的形状，然后把它的头尾相连，也可以在揉成一团的橡皮泥中间戳一个洞。不管使用哪种方法，你的做法都证明了从拓扑学的角度来看，甜甜圈和一团橡皮泥是不同的。而当你做好了甜甜圈以后，你不必戳新的洞也不必粘上另一块橡皮泥就可以用它做出一个咖啡杯。甜甜圈的洞可以被视为咖啡杯把手与杯身之间的那个洞，你只需要把实心的部分捏出凹面做成杯肚的形状，咖啡杯就做成了。也就是说：

从拓扑学的角度讲，甜甜圈和咖啡杯是一样的。

而与此相对，我们之前提到的"两个洞的甜甜圈"则与一个洞的甜甜圈或者咖啡杯完全不同。关于事物在拓扑学上的异同这个问题有很多应用。比如，之前我们讨论过关于绳结的数学，而绳结是拓扑学研究的一类对象。在借助拓扑学研究绳结的过程中，一个很奇妙的思考方式就是，你并不是在空白的纸上用彩色画笔画画，而是先用彩色画笔涂满一整张纸，然后擦掉你想擦的部分，以此完成一张主体部分为白色而背景为彩色的画。现在，让我们想象一下在三维空间里进行这样的创作。

想象一下你拿着一支"可以在空中画画的彩色笔"，你将一个盒子的内部空间填满了颜色。然后，你又拿出一个"可以在空中使用的橡皮擦"，用它在你刚才填色的部分擦出一个绳结的形状。现在，整个空间剩下的彩色部分就是一个几乎无法想象，却很容易用数学方法进行研究的形状。

一次对想象力的挑战

我们刚才描述的那种在三维空间里去掉某物的过程叫作取"补集"。一旦我们完成了这个过程，我们就可以像捏橡皮泥一样任意改变剩下那部分的形状，前提是不增加洞的数量或者粘上另一块橡皮泥。你能想象出下面这些形状的补集吗？

- 一个圆圈〇在拓扑学上的补集与一个空心的、内部中央只撑了一根短棍的球面相同：

- 两个扣在一起的圆圈（如下图左边所示）的补集在拓扑学上
  与一个空心的、内部只有一个环面的球面（如下图右边所
  示）相同：

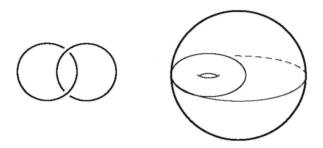

这还是一些很简单的形状，但是已经很难直观地想象出来了。
数学的强大之处就在于它使得我们不需要真正将某个概念想象成实
物就可以对问题进行严谨的研究。

另外一个例子是关于用纸剪下某个平面形状然后将它们粘成一
个三维的图形。你也许还记得如何用一张纸折成一个正方体：

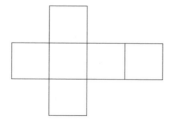

如果你将这个形状沿着外围轮廓剪下来，然后沿各条线折叠，
你就可以把重合的边粘起来得到一个正方体。或者，你也可以试试
将下面这个图形折成三维图形：

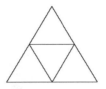

你会得到一个三角形的金字塔，它的数学名称叫作"四面体"。

现在，请想象一下用可以任意塑形的橡皮泥片代替纸做同样的事情。这样一来，我们就可以用下图所示的正方形橡皮泥片制作甜甜圈（环面）了——我们要确保把标为 A 的边都粘在一起，使箭头的方向保持一致，对于标为 B 的边也进行一样的操作：

你完成了吗？接下来是真正的挑战。遵循刚刚的操作规则，即将字母相同的边粘起来且确保箭头方向一致，你能想象出用下面这个八边形橡皮泥片折成的立体图形会是什么形状吗？

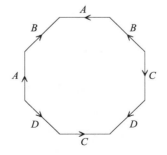

答案是：有两个洞的甜甜圈。

现在，你可以将此推广至有更多洞的甜甜圈——试图凭大脑想象出最终的图形是很难的，但拓扑学给了我们一种可以严谨地研究这些关于比我们能够想象出的图形复杂得多的图形的问题的方法。

一个推广游戏

下面这些形状有什么共性？

正方形、梯形、菱形、四边形、平行四边形

答案是它们都有四条边。你能把它们按照概括性程度的高低依次排列吗？从前一个图形到后一个图形，推广的方式又是怎样的？

按照概括性从低到高，图形正确的排列顺序是：

正方形、菱形、平行四边形、梯形、四边形

推广过程是这样的：

- 正方形的四条边相等，四个内角也相等。
- 菱形的四条边相等，所以从正方形到菱形的推广过程是允许四个内角的度数不同。不过，相对的两个内角度数必须相等，因为四条边的长度相等。

- 平行四边形类似菱形，但只要求相对的两组边的边长相等。从菱形到平行四边形的推广不涉及内角的条件，相对的两个角的度数仍然必须相等。值得注意的是，相对的边边长相等就是因为相对的角度数相等。
- 梯形的唯一要求是有两条相对的边平行，没有关于边长的限制或者角的限制，它们可以都不相同。
- 四边形是有四条边的任意图形。在这里，我们进一步去掉了有两条相对的边平行这个条件。

在这个例子里，我们看到推广的每一步都是去掉了前一个图形定义中的一个限定条件，使得更多的图形符合新的定义。适当放宽条件是数学推广的一种常见方式。

你也许注意到了，在这个过程中，还有一步可能发生的推广，即从正方形推广至长方形。长方形是正方形的另一种方式的推广——菱形的四条边相等，但四个内角可能不等，而长方形的四个内角相同，但四条边可能不同。当我们对所有条件逐一放宽时，我们就得到了推广的不同方式。推广不是一个自动化的过程。推广总是有不同的可能性，而推广的结果并不完全取决于推广的程度，它也取决于推广的方向，即你看待某个概念的角度。这就是为什么数学是一个以不断增长的速度发展的学科，因为每一次推广都带来了更多其他的推广。

6 内在和外在

 巧克力梅干面包奶油布丁

配料

250 克陈面包

350 克切碎的梅子干

100 克黑巧克力

2 个鸡蛋

白砂糖及黑砂糖共 75 克

50 克融化的黄油

300 毫升牛奶

方法

1. 面包掰成小块。如果有面包皮，请将面包皮切掉放入食品料理机中做成面包糠。

2. 搅拌蛋和糖。

3. 将黑巧克力放入牛奶里轻轻搅拌至融化，然后将混合液倒入蛋液中。

4. 将步骤 3 中的液体倒在大碗中的面包块和梅干碎上面，浸泡几小时。

5. 倒入融化的黄油。

6. 将烤箱温度设置为 180℃，在 8 英寸蛋糕模具上垫上烘焙纸，倒入混合物，烤制约 45 分钟，或直到混合物变成固体，且顶部形成酥皮。

7. 趁热加上巧克力酱或巧克力冰激凌，然后尽快享用。

上面这个巧克力梅干面包奶油布丁的食谱是我在某年做了圣诞节布丁之后发明出来的。我当时有一些陈面包（我通常不直接吃面包，而且由于我把面包边都切掉了，所以它们变得又干又硬）和梅子干（同样，一旦打开过包装，它们很快就变得像石头一样硬了），当然，还有很多巧克力，这是我家的常备品。

我们节俭的祖先用剩菜发明了很多食谱。农舍派和牧羊人派是为了把周日午餐聚会剩下的烤肉消灭掉而发明的，面包奶油布丁和法式吐司［或者按照法国人的叫法是 pain perdu，按字面意思就是"丢掉的（或浪费掉的）面包"］是为了消灭陈面包而发明的用牛奶和鸡蛋软化它的食谱。中国人也有一个类似的发明，即蛋炒饭，具体而言就是用蛋液翻炒前一天剩下的米饭使其软化。过熟的香蕉可以做成美味的香蕉蛋糕。此外，每个人都有他们自己的消灭圣诞节后大量剩余的火鸡肉的方法——火鸡咖喱？火鸡派？我本人最喜欢的是我妈妈做的花生酱火鸡意面沙拉。

在所有这些例子里，如果你刻意地寻找食材来做本该用剩余食物做的菜的话，你就本末倒置了。其实对于普通的食谱也一样，就像我们在第一章提到的：你可以选择一个食谱，然后根据食谱去购买所需的原材料，或者，你也可以在逛超市的时候买一些自己感兴趣的食材，看看你能发明出什么新菜品。

我认为，这些例子阐释了内在动机和外在动机的区别。如果你先选定了一个菜谱，那么按照它来买菜做饭就是一个出于外在动机的行动；如果你决定使用已有的原材料做饭，那么这就是一个出于内在动机的行动。还有一些时候，你已经有了一个大致的计划，但你决定边做边创造，看看自己最终究竟会做出什么。如果你做出了你本来计划做的东西，那么你的内在动机和外在动机就完美统一了。另一些时候，你做出来的东西和你的预期完全不同，但可能同样很棒。或者，你可能本来并没有什么具体的预期，但最终的成品一样很好（就像我第一次在无意中做出了无麸质巧克力能量棒一样）。对于最后一种情况，我们可以称为"幸运的意外"。这种情况与内在动机和外在动机的统一不一样。

有趣的是，在厨房里，我更多地受到外在动机的驱使。而在数学里，我主要受内在动机的驱使。

这里有一个关于数学中的内在动机和外在动机的小例子。如果我给你如下数字：

25、50、75、100、3、6

你可以通过加减乘除随意组合它们，看看能得到什么数字。这就相当于一种内在动机：你从一些给定的配料着手，看看你能用它们做出什么东西。

或者，你被要求通过各种方法使这些数字得到一个既定的数字，比如 952。数学家詹姆士·马丁在几年前的一期智力问答节目里就做到了这件事（令人惊叹！）：

$$\frac{(100+6) \times 3 \times 75 - 50}{25} = 952$$

这就是一种外在动机，你可以随便使用什么方法，只要你能达到某个特定的目标。

旅游业

看地图走与跟着感觉走

当你参观一个新的城市时，你是会去寻找你听说过的那些旅游景点，还是随便以城市某处作为起始地，跟着感觉走？人们常说，关于假日，他们最喜欢的部分就是漫无目的地游荡，然后发现了某条小路尽头的某处鲜为人知的美景。比如，在去埃菲尔铁塔或帝国大厦等标志建筑的路上，你很可能会邂逅一间非常迷人的小咖啡馆。

数学也是如此。很多时候，数学都是在试图回答一个特定的疑问或者解决一个特定的问题。也就是说，你有一个确定要去的目的地。这就是外在动机。数学史上的很多伟大问题都属于这一类：对于一个需要解答的问题，没有人在乎它到底是怎么被解答的，大家只需要知道它被解答了就好。

学校数学课的问题之一就是几乎所有的学习都是由外在动机驱动的。你总是在试图解决一个特定的问题，而更糟糕的是，这是一个别人给你出的问题，一个你除了完成数学作业和应付考试外很可能根本没有必要去解决的问题。

比如解一元二次方程。也许你还记得学校里学的，或者我们在第二章讨论过的方程：

$$ax^2 + bx^2 + c = 0$$

它的解有一个可直接套用的公式：

$$x = \frac{-b \pm \sqrt{b^2 - 4ac}}{2a}$$

这个公式就是为了解这个方程而创造的。它完全不是数学家出于兴趣发明出来，然后说"看看我能用它来做什么"那样的事物。

与上数学课相对，在数学研究中，情况通常是相反的：你会给自己一个起点，然后看看自己能走到哪里去。我称此为"内在动机"。它没有解决伟大问题那么激动人心，所以人们对它的关注相对较少。就像你在小路尽头发现的鲜为人知的美景，就景色本身而言，它远不如埃菲尔铁塔，也很可能并不会被旅游攻略提及。但使巴黎成为巴黎的原因是什么呢？是埃菲尔铁塔，还是那些并不为人所知的美景？显然，两者都是必要的，而且更重要的是它们组合在一起的方式。

这方面最有名的数学实例之一就是，几百年来，人们都认为研究质数没有什么实际应用方面的价值。然而，数学家依然痴迷于研究它们，因为它们本身就很迷人，而且它们是如此的简单、基础。他们在研究质数的时候怎么会知道，费马在 1640 年提出并被欧拉在 1736 年证明的一个定理日后会成为互联网加密技术的基础呢？即便是电脑的发明也是定理证明几百年后的事了。而且，没错，此费马正是提出著名的"费马大定理"的费马，这个定理又被称作"费马小定理"，以便与"费马大定理"做区分。

其实，费马大定理本身就是一个内在动机与外在动机相互作用的有趣实例。首先，这个例子表明，在你尝试解决既定问题的过程中，你很有可能会有新的发现。在试图证明费马大定理的过程中，安德鲁·怀尔斯发现了许多关于椭圆曲线的重要特性，而椭圆曲线听起来和费马大定理似乎没有任何关系。你应该还记得，费马大定理说的是就方程 $a^n + b^n = c^n$ 而言，如果 n 是一个大于 2 的正整数，则不存在非负整数 a、b 和 c 使该方程成立。

但内在动机和外在动机在这个例子里还表现出了另一种相互作用的方式，一种我觉得十分美好、令人愉悦的方式。这就好比你将起始点设定在城市中心，打算去巴黎圣母院看看，但你决定，与其参照地图直奔巴黎圣母院，不如听凭自己的直觉和喜好走上蜿蜒小道，边浏览边前行。然后，瞧，你发现自己走到了巴黎圣母院的门口。在费马大定理这个例子里，数学家也曾因为各自的研究目的对椭圆曲线进行了深入探索，而其结果在某种程度上反过来推动了费马大定理的最终证明。

当做数学研究完全出于外在动机的时候，你的感觉就可能类似于下定决心前往巴黎圣母院，结果不得不在一条风景糟糕的大马路上走很久。可以说，这是一种过于功利主义或者实用主义的数学。当做数学研究完全出于内在动机的时候，你的感觉可能类似于在一条美丽的小径上游荡许久却始终没有看到任何值得一提的风景。这是一种过于理想主义或者过于唯美的数学。而当两者合一的时候，你就会找到一条既有趣，又指向有意义的终点的道路——这是两种动机的有效结合，也是数学最美妙的部分。

　　数学的不同领域有不同的研究重点。数论领域里有很多知名的未解之谜，为解决这些谜题，数学家们一直在努力运用他们能想到的各种办法。范畴论则稍有不同。这个数学分支的目的之一就是找到每项数学研究、每个数学概念的内在动机，或是找到一种看待事物的新观点，启发已经存在但未被发现的内在研究动机。在本书的第二部分，我们会看到范畴论是如何用不同的方式达到这个目的的。举个例子，我们可以列出 30 的所有因数，也即所有能整除 30 的非负整数。它们是：

1、2、3、5、6、10、15、30

　　然而，把它们都列出来好像并不能给我们什么启发。因为其实这些因数中的一些也是彼此的因数。如果用线把彼此有因数关系的数字都连起来，我们就会得到这样一幅图：

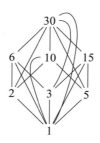

　　这张图看起来有些混乱。对此，我们可以通过只连接中间没有其他因数的数字的方式来简化这幅图。即，我们可以把 6 和 30 连起来，但不能把 2 和 30 连起来，因为 6 在它们中间。如此，我们就得到了下面这幅看起来简洁许多的图：

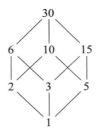

　　我们稍后会进一步探讨这类图示，我们会发现，这就是范畴论让事物变得更有条理，以几何图示的方式表示抽象概念的方式。

丛林
创造和发现

　　有时我会想，从前与现在的科学探索会有多大的不同，因为从前还有许多未被探索过的区域以及有待发现的大型动物——至少对于欧洲人是这样。我猜现在仍然有未被发现的昆虫、细菌和植物，但想想第一批看到鸭嘴兽的欧洲人吧，他们感受到的震撼实在难以想象。没有人相信他们——当他们在 1798 年将鸭嘴兽的标本和画像带回大不列颠的时候，人们怀疑这完全是一个骗局，是某个高超的标本剥制师将鸭嘴缝到了某种其他的哺乳动物身上。

　　人们也曾经怀疑过某些数学结论是一场骗局。人们总对我说，"数学总是非此即彼。2 + 2 就等于 4"。但我现在想告诉你，并非如此，有时候 2 + 2 = 1 也能成立。

你是不是觉得我在开玩笑？不，并不是。在某个数字世界中，事实就是如此。就像一个一圈只有 3 个小时而不是 12 个小时的钟。我们已经习惯于这样的事实：如果现在是 11 点，那么 2 小时后就是 1 点。换句话说：

$$11 + 2 = 1$$

而如果我们用一个一圈只有 3 个小时的钟（如下图所示）计时的话，

那么 2 点钟的 2 小时后就是 1 点钟。换句话说：

$$2 + 2 = 1$$

这个例子可能多少显得有些不自然，就好像是我故意为了证明 2 + 2 不等于 4 而编出来的。换句话说，是外在动机驱使我举了这个例子。但稍后我们会看到，这个"只有 3 个小时的钟"的数字体系的最初建立其实是由内在动机驱使的，是一件自然而然的事，它是一个很重要的数学概念。

这里有一个由内在动机驱使产生的奇怪的数学问题。

也许你还记得 $y = \sin x$ 的函数图看起来是这样的：

而 $y = 1/x$ 的函数图是这样的：

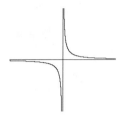

现在，我们武断地决定把这两者结合起来，然后来看看 $y = \sin(1/x)$ 的函数图像是什么样子的。这个函数图像很不规则：

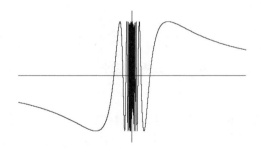

有时候，数学家会刻意寻找这种不规则的函数图像，就像寻找尼斯湖水怪一样。通常的情况是，他们想要找到某种特定的不规则的函数或空间或其他什么东西，所以他们就刻意地制造出一个这样的东西。

这里有一个出于外在动机被刻意"制造"出来的函数：如果 x 是有理数，那么 $f(x) = 1$，如果 x 是无理数，那么 $f(x) = 0$。这个函数图像几乎是不可能画出来的，因为函数值会一直在 0 和 1 之间跳来跳去。

一个关于被故意发明出来的空间（而且让所有人都很困惑）的例子是"夏威夷环"（Hawaiian earring）。你可以先画一个半径为 1 的圆，然后在它内部靠边的地方画一个半径为 1/2 的圆：

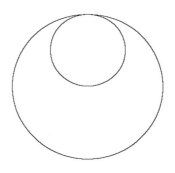

然后你再在两个圆的切点处画一个半径为 1/3 的圆，之后再画一个半径为 1/4 的圆，再之后是半径为 1/5 的圆，以此类推，就这样一直画下去直到"永远"：

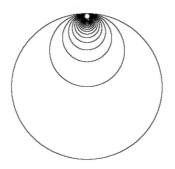

注意，这是数学，所以你不需要真的坐在那里永恒地画下去——你只需要想象你这么做就行了。总之，夏

威夷环有一些非常奇特和不规则的特性，而这些特性会令拓扑学家感到非常激动。

拼图
直接拼拼图与先看完成图

你在玩拼图的时候，是先看盒子上的完成图，然后再对照着将拼图碎片放在合适的位置上，还是不看完成图，直接通过观察拼图碎片之间的关系把它们组合起来？

根据完全图来拼拼图就像数学里由外在动机驱动的研究。你有一个清晰的目标，你知道目标具体是什么，你努力达到这个目标。而不看完成图直接拼拼图则像数学里由内在动机驱动的研究。你试着根据拼图碎片自身的结构及其与其他碎片的关系来组合它们，而不是根据它们与一个外在的完成图的关系来摆放它们。

我发现，小孩子们在玩拼图时总是会下意识地选择听从内在动机而非外在动机。他们似乎更倾向于把有些许类似的拼图碎片拼到一起，而不是比较碎片和盒子上的完成图。事实上，我觉得说服小孩子们根据完成图拼拼图是很难的。我猜原因可能在于，在儿童成长的不同阶段，内在动机和外在动机在他们身上的作用力不同。此外，他们还对字面意义上的"内在"而非"外在"更感兴趣：他们一般都会从拼图的中间开始拼起，因为那是最有趣的部分。大部分的成年人从他们成长过程中的某个时点开始，就明白了有效、合理的拼拼图方法是从四个角开始拼（如果完成图是长方形的话），然后把所有的边都拼好。而孩子，至少我认识的那些孩子都不愿意这样做。

中学时，在我上物理高级水平课程的时候，老师通常会在测试前发给我们一张写满各种公式的纸，这让考试看起来更像一个拼图任务，而不是一次对于物理知识的测验。这张纸包含所有我们会用到但不需要记住的物理公式，比如：

两个点电荷之间的相互作用力：$E = \dfrac{1}{4\pi\varepsilon_0} \dfrac{Q_1 Q_2}{r^2}$

对电荷的作用力：$F = EQ$

均匀电场的强度：$E = V/d$

径向电场的强度：$E = \dfrac{Q}{4\pi\varepsilon_0 r^2}$

现在，我要向大家承认，其实我从来没有关心过这张纸上的公式到底是什么意思。事实上，我当时挺为自己找到能够在物理高级水平课程的测验上得高分而并不需要理解那些物理知识本身的方法而骄傲的。我所做的只是阅读问题，写下所有与题目中的量有关的字母符号，然后扫一眼公式纸，找出包含上述这些字母符号的公式。这就像一个追求效率的成年人以"外部驱动"的方式而非"内部驱动"的方式拼拼图一样。当时的我认为我找到了最有效的、以最小工作量拿到物理高级水平课程好成绩的方法。

我们会在后文看到，范畴论常常是连接内部过程和外部过程的桥梁。它将内部过程变得更加几何化，因此有时候解决这类问题就像是在拼拼图一样。

下面是一个范畴论里的拼图问题。你甚至可以在不明白这些碎片本身的意思的情况下将它们拼成完整的图片。比如，我们有这样两个碎片：

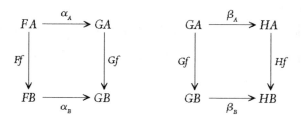

我们想把它们拼成下面这样的图：

$$
\begin{array}{ccc}
FA & \xrightarrow{\alpha_A} & GA & \xrightarrow{\beta_A} & HA \\
\downarrow{Ff} & & & & \downarrow{Hf} \\
FB & \xrightarrow{\alpha_B} & GB & \xrightarrow{\beta_B} & HB
\end{array}
$$

我们可以直接把前面两个碎片的边沿着边组合在一起，就像这样：

$$
\begin{array}{ccccc}
FA & \xrightarrow{\alpha_A} & GA & \xrightarrow{\beta_A} & HA \\
\downarrow{Ff} & & \downarrow{Gf} & & \downarrow{Hf} \\
FB & \xrightarrow{\alpha_B} & GB & \xrightarrow{\beta_B} & HB
\end{array}
$$

这是范畴论里一个很典型的运算。完成图会越来越大，我们也会用到越来越多的碎片。但是，因为这些碎片是抽象的，所以我们就有无限个碎片可以用，而且每个都可以用无限多次。

> 　　假如你感兴趣的话，上面这个例子是"让自然变换做分量运算可以得出另一个自然变换"的部分证明。更概括地说，范畴论里的这种拼图问题也被称作"交换图表"，这是一个我觉得非常有趣的数学领域。

马拉松
锻炼身体和为比赛而训练

　　如果你为了保持身体健康而进行体育锻炼，那么你会选择一个特别的项目进行专门的训练吗？有些人会这么做，他们会选择投身于某个特别的项目，比如马拉松、三项全能或户外探险，这些项目会让他们充满动力。而另外一些人则可能为了保持身体健康、休闲娱乐或释放压力而运动。当然，很有可能这几种原因都有——如果你不享受运动的话，那么将完成一次马拉松作为目标并不会对你的训练有帮助。

　　当我准备参加纽约市马拉松比赛的时候，我的锻炼计划发生了很大的变化。我读了很多篇文章，这些文章都说跑半程马拉松并不需要特别的训练，但跑全程马拉松就必须进行专门训练了。事实上，我确实是在没经过特殊训练的情况下就去跑了伦敦半程马拉松，我所做的准备只是每隔一天去健身房进行日常的身体锻炼而已。此外，我还有一个很爱运动的朋友，他没经过专门训练就去跑了纽约马拉松，结果膝盖受伤了。

　　所以我增加了锻炼的时间，训练耐力，根据我在网上找到的一个方法每两周跑一次长跑，并在最后的几周减少长跑量，将距离最长的一次长跑训练放在马拉松比赛之前的一个月左右。这个计划实现得不错，而且我最终在自己预计的时间内跑完了全程。（当然，我的预计时间设定得很宽松，但我对自己的期待很切实际。）

　　我想说的是，大概有 6 个月的时间，我的锻炼计划几乎完全听从于外在动机——我有一个确定的目标，我所做的每件事都是为了实现那个目标。然而，在那 6 个月的之前和之后，我的锻炼计划都是由内在动机驱动的，我并没有一个特定的目标（"保持整体健康和减肥"不能算是一个特定的目标）。重要的是锻炼本身，以及享受这个锻炼的过程。

　　人们常常宣传学数学的外在动机——很好找工作，可以解决实际生活中的问题。但就像马拉松一样，如果你不是本身就喜欢数学的话，那么硬要跟你说数学能如何解决实际问题也没用。举个最近发生在我朋友身上的例子——她想辅导她儿子的功课，但她觉得自己更需要辅导。

　　　　乔治上周开车共行驶了 764 英里，用掉了 15 加仑 ① 的汽油。如果汽车在高速路上行驶时每 54 英里耗油 1 加仑，在市区里行驶每 31 英里耗油 1 加仑，那么乔治上周在市区开了多少英里？

---

① 　1 加仑（英）≈ 4.5461 升。——编者注

这个问题让人遗憾的地方在于，它想要给人设置一个解答问题的外在动机，但整个问题场景实在做作。你为什么需要知道乔治上周在市区里开了多少英里呢？除非你是他的妻子，想知道他有没有外遇。如果不是这样的话，记住你在高速路上开了多少英里，然后用 764 减去这个数字不是更简单吗？

就这个问题而言，其在数学上的内在动机对我来说要有趣得多。这个问题包含两个未知量：在市区里汽车行驶的英里数，在高速路上汽车行驶的英里数。它也包含两条与之相关的信息：总的英里数和总的耗油量。这是一个碎片数量合适的拼图问题。

解决这个问题的第一步是抽象化——把由文字描述的问题转变为由字母、数字、方程等组成的数学表达。如果我们用 M 代表汽车在高速路上行驶的英里数，用 T 代表汽车在市区行驶的英里数，我们就可以把这两条已知信息写成方程了。

- 总的英里数是 764，也就是说：

$$M + T = 764$$

- 在高速路上每 54 英里耗油 1 加仑，那么在高速路上行驶所耗油量就是 $M/54$。

- 在市区里每 31 英里耗油 1 加仑，那么在市区里行驶所耗油量就是 $T/31$。

- 总的耗油量是 15，即在高速路上行驶和在市区里行驶的耗油量相加应该等于 15，也就是说：

$$\frac{M}{54} + \frac{T}{31} = 15$$

现在，我们有两个未知数以及两个包含未知数的方程。凭第一感觉，你可能会意识到，如果我们有 200 个未知数，而只有一个方程，我们可能就没有足够的信息算出这些未知数的值都是多少了。但总的来讲，如果方程的数量和未知数的数量一样，我们就很有希望将方程解出来。[①]

我个人认为，解方程是整个解题过程最无趣的部分，但这是因为我特别喜欢抽象的过程，喜欢它胜过计算。不知道你是否注意到了，这个问题在本书的前面也出现过。当我们把关于乔治的问题变成两个一次方程时，它就变成了我们在第二章看到过的一组方程，而那组方程是关于儿子和爸爸的年龄的。现在，我们已经把乔治的问题抽象成了一个我们已经解决过的问题，所以我们不需要再进行计算了。

不过，我还是会将计算过程写出来。

从第二个方程入手：等式两边同时乘以 54 和 31，去掉分数，得到：

$$31M + 54T = 15 \times 54 \times 31$$
$$= 25110$$

现在将第一个方程的等式两边同时减去 T，得到：

$$M = 764 - T$$

① 此处可能存在两种例外情况：两个方程相互矛盾，或者两个方程本质上是一样的。在此我们就不探讨这两种例外情况了。

把上述等式带入前面的等式，得到：

$$31（764 - T）+ 54T = 25110$$

$$23684 - 31T + 54T = 25110 ……乘法分配律$$

$$23684 + 23T = 25110 ……合并含有 T 的项$$

$$23T = 25110 - 23684$$

$$= 1426$$

$$T = 1426/23$$

$$= 62$$

所以答案是乔治在市区里开了 62 英里。好极了。也许他真的有外遇？

数学创新

这一整章里，我一直在讨论两种数学创新的方法。一种是由内在动机驱动的，即跟着直觉和想象力走，发明一些你感觉有趣或合理的东西。另一种是由外在动机驱动的，即为解决一个特定的问题而寻找、开发解决办法。

我们现在要比较一下这两种方法在发现"虚数"这个概念上起到的不同作用。

内在驱动的方法

你也许还记得"负数不能取平方根"这个重要原则。其原因在于，正数乘以正数还是正数，负数乘以负数也是正数。所以一个数乘以它自己总是正数（或者 0）。也就是说，任何一个数的平方都不可能为负。而取平方根是平方的逆运算。所以，要找到一个负数的平方根，我们就需要找到一个平方为负的数——而我们刚刚才说，这样的数不存在。

这时候，内在动机会让我们对这件事感到不满意、沮丧、恼火，甚至为不能对负数取平方根而生气。想象一下，你看到一个标志，它告诉你你不能做一件你觉得完全无害的事——你是不是会马上就想去做那事？我们现在遇到的就是这种情况，有一个标志告诉你，你不能对负数取平方根，但这件事究竟有什么害处呢？在数学里，"害处"指的是"造成逻辑矛盾"。如果一件事没有造成逻辑矛盾，你就可以做这件事。

因此，对一个负数取平方根唯一可能的"害处"就是你试图声称一个数的平方可以为正数也可以为负数，因为我们知道这是不可能的。

那么，我们怎样才能让一个负数，比如 –1，成为一个数的平方呢？也许，数学中的确存在这样一个完全不同的数字体系，其中的数字乘以它本身会得到一个负数。你也许会马上反驳说，但这是不存在的——就像鸭嘴兽一样？

关键就在于，在数学里，一旦你想象出一个东西，只要它本身不存在逻辑矛盾，那么它就存在了。给 –1 取平方根并不会造成矛盾，只要它的平方根是一个新的数字，而不是我们已经知道的任何正数或者负数即可。它就像一种全新的乐高积木。为了保证我们不把这类数字和我们已知的数字搞混，我们给它起了一个全新的名字：*i*。*i* 指代"虚构的"（imaginary）一词，因为它是一种新的数字类型，而且不是"真正存在"的数字。我们在后文会进一步讨论这个问题。

外在驱动的方法

一种更加"外在的"发明虚数的方法是试着解二次方程。二次方程就是一个有 *x* 和 x^2 的方程，比如：

$$x^2 + x - 2 = 0$$

或者

$$2x^2 - 7x + 3 = 0$$

你也许还记得怎么解这种方程，也就是找出所有使等式成立的 *x* 的值。如果你已经不记得了的话，我可以告诉你，*x* = 1 或者 *x* = –2 都可以使第一个方程成立，*x* = 3 或者 *x* =1/2 都可以使第二个方程成立。任何其他的数字都不能使这两个方程成立。

那么下面这个方程呢？

$$x^2 + x + 1 = 0$$

不管你尝试什么数字，正数、负数还是 0，你都会失败——方程的左边永远不可能等于 0。这时，你当然可以耸耸肩说，反正你也不想知道怎么解二次方程。但数学家不喜欢解不出来的问题。而发明"虚数"就是一种给此类之前无解的方程找到解的方法。此时，受内在动机驱动的结果和受外在动机驱动的结果就十分接近了。

　　你是否会认为，为了解决一个问题而发明一个新的概念然后宣称这就是答案相当于作弊？对我来说，这反而正是数学最激动人心的一个方面。只要你发明的新概念不会造成矛盾，你就有权发明它。关键在于平衡这个过程中的内在动机和外在动机。如果你发明一个概念纯粹是为了解决某个特定的问题，那么长远来看，它就不大可能是一个好的数学概念，即使它的存在本身可能并没有错。最好的数学发明是那些既合理又能解决很多业已存在的问题的发明。

7 公理化

 佳发蛋糕

配料
> 扁圆形的原味小蛋糕
> 橘子酱
> 融化的巧克力

方法
1. 在每个小蛋糕上放上一小团橘子酱。
2. 用小勺薄涂一层巧克力在橘子酱和蛋糕上。
3. 放进冰箱。

人们可能会认为这个食谱实在没什么用——我要去哪里找"扁圆形的原味小蛋糕"？如果我想从零开始做佳发蛋糕呢？那样的话，你需要准备的配料就应该是：鸡蛋、白砂糖、面粉、黄油（这些材料用于做蛋糕），橘子和糖（这些材料用于做橘子酱），可可酱、可可粉和糖（这些材料用于做巧克力）——或许，巧克力也可以直接算作一种基础配料？

什么算是基础配料，而什么又必须由其他更基础的配料组合而成，这是一个比较微妙的问题。分类的标准取决于你想达成的目的。也许对你来说，佳发蛋糕本身就是一种基础配料，你会直接从超市买一包回来。而对我来说，自己做东西会让我很有满足感，我喜欢从零开始，用鸡蛋、白砂糖、面粉、黄油、橘子和巧克力做佳发蛋糕。

数学研究的目的之一就是"从零开始"。重复问"为什么？为什么？为什么？"的一个结果就是你会得到越来越基础的概念。你总会面临什么算是基础配料，而什么需要进一步分解这个问题。我在前面曾经提到，数学的基础配料叫作公理，而将某个概念不断分解为基础配料的过程叫作公理化。

归根结底，数学就是关于真实事物的科学。我们一直在问它们为什么是真的，然后通过把复杂的事实分解为更简单的事实来回答这个问题。所以本质上，公理就是我们在某种特定情境下所认可的基本事实。这种界定并不意味着它们是绝对真理或者永远都是真的，或者不能再被分解了。它仅仅意味着，在我们目前探讨的数学情境下，它们就是基础配料，而我们想看看用它们究竟能做出什么东西来。

姜汁蛋糕
你的厨房里有现成的配料吗？

通常，当我想尝试新食谱的时候，我就不得不出门买一些我不会长期储备的食材。渐渐地，这越来越不成问题，因为我的厨房里囤积了越来越多的东西，尤其是烘焙材料。我第一次用到黑砂糖是在我准备做姜汁蛋糕的时候，我不得不特意出门购买这种糖，因为我的厨房里没有。当然，做姜汁蛋糕并不会用掉一整包黑砂糖，因此对于剩下的那些，我就需要找到各种其他的方式把它用掉。不同的人会在厨房常备不同的基础配料，对我而言，黑砂糖现在就像巧克力、黄油和大约 8 种面粉一样，成了我厨房里的常备配料之一。我只有在尝试特定的食谱时才会去买牛奶和鸡蛋，但我会常备杏仁粉；你可能会把牛奶和鸡蛋作为你的厨房常备配料，而从未遇到要用杏仁粉的时候。

就像我在之前关于内在动机和外在动机的讨论时提到的，也许你会为某一个特定食谱而专门购买配料，也许你会直接用厨房里的现成配料发挥，看看自己能做出些什么（近来，人们将后者称作"烘焙实验"）。可能是我的思维方式太过数学了，但不管怎样，有些时候我真的希望食谱书可以以"如果你买了这些配料，你能用它们做些什么"为线索给书中的章节分类。或者也可以说得不那么直接，比如，使用这些配料和你刚学会的新的烹饪方法，你还可以做出什么菜？

之前我们已经介绍了一种"新的配料"，也就是虚数 i 的概念。我们宣称它是一个全新的数字，并且它是 -1 的平方根。所以我们知道的关于这个数字的全部信息就是：

$$i^2 = -1.$$

你的第一反应也许是反对：但是并没有这样的数字存在！

但更接近事实的说法是，原来并没有这样的数字，不过现在我们发明了一个。就像此前我们只有有理数的时候，2 的平方根还不存在，于是我们就发明了无理数一样。

现在，如果我们假设这个奇怪的新数字在其他所有方面都和我们已知的数字类似会怎样呢？这有点儿像涉及时光穿越的书或电影中的情节，故事里的人、事、物一如往常，只有主角们可以在过去与未来之间随意穿梭。

我们可以用 i 做乘法运算：

$$2i \times 2i = 4i^2$$
$$= 4 \times (-1)$$
$$= -4$$

于是现在 -4 也有平方根了。实际上，每一个负数现在都有平方根了，因为如果正数 a 有一个平方根 $\sqrt{a}$，那么 $-a$ 就有一个平方根 $\sqrt{a}i$。因为

$$\sqrt{a}i \times \sqrt{a}i = a \times i^2$$
$$= a \times (-1)$$
$$= -a$$

为了理解数字 i 带来的其他影响，我们需要非常确定我们希望它遵循哪些其他的规则，也就是我们将要应用到虚数上的公理。

乐高积木
用同样的积木来造不同的东西

当你坐在一堆乐高积木面前时，你实际就拥有了两样东西：

- 一堆积木。
- 某些把积木组合起来的方式。

乐高的高明之处（或者说高明之处之一）就在于它的要素十分简单，而与此同时又拥有太多要素相互组合的可能性。更进一步地分析这种巧妙的设计，我认为很重要的一点是，乐高积木的组合方式是清晰且有限的。

数学在某种意义上和乐高一样。你会从一些基本的积木和组合方式入手，然后看看你能制造出什么东西。你有两种操作方法：

- 你可以先从积木着手，看看你能用它们拼装出什么东西。
- 你也可以先从你想拼装的东西着手，看看你需要什么积木来拼装它。

比如，如果你想用乐高积木拼一辆车，那么你可能需要一些轮子。除非你想做的是一辆非常大的车，那样的话你就得用最基本的积木来拼装车轮了。

这与内在动机和外在动机有关。在某种程度上，公理化就是由外在动机驱动的、处理整个数学体系乃至数学世界的一套方法。它是一种逻辑性的方式，用于梳理你希望创建的数学体系的基本结构。

我们先用数字来尝试一下。要找出所有的自然数，即 1、2、3、4、5，等等，你只要将 1 作为一块砖，并将"加法"作为把所有的砖组合起来的方式即可。也许你需要很长时间才能数到 100 万，但在数学里，我们首先考虑的是总体上你能否做某事，而它需要多长时间来完成则是另外一个问题了。而且，就算是在现实生活中，也总有一些商业巨头的营业利润是通过售卖一个个小的商品累积而来的。我觉得这就是为什么学步期幼儿通常会因为学会爬楼梯而激动不已，因为他们意识到只需要重复向上爬一步这个步骤，他就可以越爬越高，甚至爬到天上去（除非一些煞风景的大人把他们从楼梯上抱下来）。

先执行操作方法 1，再执行操作方法 2 是一个不错的尝试。也就是说，你首先决定要拼装一辆车，然后你找出所有你需要的基础构件——轮子、门等。之后你可以看看用这些基础构件还能拼装出什么东西，或许是一辆皮卡车，又或许是一艘火箭飞船。

也许你还可以想想组合这些积木的另类方法。当小孩子们刚开始玩乐高的时候，你会看到他们只会简单地把乐高积木一个接一个堆叠成一座塔，而再过一些时候，他们可能就会想到把这些塔并排拼在一起可以组成一堵墙。再之后他们可能会想到，也许还可以搭建有拐角的墙，然后把它们组合成一座房子。对数字的探索也一样，当你厌倦了只是做加法的时候，你就会转而尝试做减法、乘法、除法，然后你就会像真正的数学家那样"发明"出分数。

　　数学中的公理就像乐高积木的基础构件和你设定的组合方式。数学家让他们所建构的数学世界严格按照逻辑运行的方式之一就是"公理化"。也就是说，他们会决定可以用哪些积木，以及可以使用哪些组合方式。这并不意味着你就永远不能用其他的积木和其他的组合方式了，而只是说，就现在而言，你只被允许使用这些基本素材，请在此前提下探索你能用它们搭建出什么来。

　　重点在于，这些积木被视为基本要素。当你拿到了一盒这样的积木时，你不会尝试拆分它们，虽然肯定有小孩子看到乐高的第一反应是想把它们敲碎。

以下是一些关于整数的公理：

- 任意两个整数都可以相加，得到另外一个整数。
- 如果 a、b 和 c 为任意整数，那么 $(a+b)+c=a+(b+c)$。
- 如果 a 为任意整数，那么 $0+a=0$。
- 对于每一个整数 a，都有另一个整数 b 存在，使得 $a+b=0$。

最后一条公理说明我们知道我们讨论的是整数，而不是自然数，因为这条公理涉及负数。但我们讨论的也可能是"一圈只有 3 个小时的钟"。你也许觉得这个例子不涉及负数，因为钟面上只有 1、2、3 这三个数字。但每个数字仍然都有一个对应的数字，满足二者相加的结果等于 0，因为在这个例子里 0 就等于 3：

$$1 + 2 = 3$$
$$2 + 1 = 3$$
$$3 + 3 = 3$$

因此，这些公理实际上是关于数学中"群"这个概念的公理。我们会看到还有很多关于群的例子，并且其中很多都和数字并没有什么关系。

医生护士足球赛

设定严谨的规则以确保无漏洞可钻

一个当医生的朋友有一次告诉我，他在剑桥的阿登布鲁克医院参加过一次面向医生、护士群体组织的足球赛。显然，球队队员有男有女，按照规定，有女队员的球队在开场时会多加分，有几个女队员就多加几分。结果有一支球队意识到他们的女队员人数比所有其他球队都多，于是在整场比赛中，他们只需要让全部队员都守在球门口就能赢了。

你是否认为，一个有操守的人应该遵循比赛规则的内涵，而非仅遵循规则的字面意思？还是你认为，规则就应该设定得足够滴水不漏，让人没办法钻空子？

在数学里，我们的研究对象只遵从逻辑规则。所以我们不可能要求它们理解规则的内涵，而不要只看规则的字面意思。数学规则的"字面"意思就是你严格遵循逻辑操作所得到的结果，所以这也是我们的数学对象唯一会"做"的事。因此，当我们建立这些规则的时候，我们必须仔细确保没有漏洞存在。

这里有一个关于引发众人困惑的数学漏洞的例子。你应该还记得，质数就是"只能被 1 和它本身整除"的自然数。然而，我们必须在此基础之上增加一条警告，宣称数字 1 不是质数，这简直就像马后炮一样。

有时候人们会这样解释这个额外的限定条件："质数是有且仅有两个因数的自然数，而 1 只有一个因数。"这个说法是对的，但它并没有解释为什么我们要这样规定。关键在于理解质数为什么存在——它们是我们运用乘法而非加法构造新的数字时所使用的基本构件。如果我们只使用加法运算构造新的数字的话，我们只需要数字 1，然后不断地加、不断地加，就可以得到其他所有的数字。而如果我们要使用乘法运算构造新的数字的话，那么数字 1 就没有用了，因为任何数字乘以 1 还是它本身。也就是说，1 在这里并不是一个很好的基本构件。

更严格地说，我们希望每一个整数都是用质数以独一无二的方式组合得到的。比如，用质数组合得到数字 6 的唯一方法是 2×3（顺序不重要，所以 3×2 算是同一种方法）。然而，如果我们说 1 也算质数的话，那么得到 6 的方法就还有 $1 \times 2 \times 3$ 和 $1 \times 1 \times 2 \times 3$，等等。1 的存在会破坏一切，对我们完全没有帮助。所以我们必须弥补这个规则中的漏洞。

公平与否
严谨的规则可能导致奇怪的结果

世界上不存在公平的投票制度。

基于你自己参加投票的经历，你也许凭直觉认同这个判断，或者你也可能对此深信不疑。但无论如何，这仍然与数学定理有关。

重点是，要明白这个陈述背后的逻辑，我们首先需要精确地定义什么是公平。也就是说，我们需要精确地设定我们的公理。这个关于公平的命题也被称为阿罗悖论。它不只涉及政治选举，也与由一组评委决定选手排名这类事物有关。

在这种情境下，有关公平选举的公理如下所述：

1. 非独裁：最终结果是由多于一个人决定的。

2. 一致同意：如果每个人都投票认为 x 比 Y 更好，那么在最终结果中，x 的排名会比 Y 更高。

3. 与无关选择的独立性：对 x 和 Y 的排名不应受到投票者对 Z 的看法变化的影响。

阿罗悖论接着说，如果有多于两个候选人（或备选项），那么公平的投票体系就是不存在的。

现代民主选举制度最经常破坏的是第三条公理，这也就是为什么策略性投票成为可能。

你也许曾和他人有过关于数学类型的争论，而最终的论点往往往会被归结为定义之争。比如，你可能希望和他人讨论人是否有灵魂，而问题的结论完全取决于你对"灵魂"的定义。

数学研究的主要目的之一就是用逻辑研究所有的事物，而数学家不愿意让他们关于数学类型的争论最终归结于定义之争，因此，他们会在争论的最开始就对他们所使用的定义进行严谨的描述，就像设定基本原则一样。当有人因起跑犯规而被取消资格时，作为观众的你可能会为他们打抱不平，但那正说明了比赛规则的精确性。你也许不同意这些规则，但你并不能（在理性上）拒斥规则被实施这个事实。

这就是数学这门科学以精准著称的原因之一，也是很多人在学数学时总会产生挫败感的原因之一。数学的原则是不可变通的。你可以认为某些原则很愚蠢，但你并不能对此做什么。就像我总是觉得壁球球拍的拍面太小，让我很难打到球，但这就是壁球这个项目的一部分，是公理的一部分。你也许认为 –1 的平方根只能是一个虚数这件事很愚蠢，但你认为它很愚蠢并不能影响什么。我们现在要玩一个游戏，这个游戏的主要内容就是把虚数当成积木来搭建东西，你是否相信它的存在并不重要——它就是游戏规则的一部分。

跳高

用严谨的规则来去除人为偏见

跳高运动是一个很容易让我产生满足感的体育项目——前提是

不需要我本人参加（我曾在关于抽象的那一章提到过关于参加跳高测试的惨痛经历），而是观看跳高比赛。因为跳高的规则和目标都非常清晰。你必须越过一根横杆，基本就是这样。我知道我漏掉了一些技巧方面的细节问题，但从观众的角度来看，运动员"越过一根横杆"就是比赛的全部内容了。跳高不像一些其他的运动项目，比如花样游泳或摔跤，在那些项目中，不管裁判多么努力地做到客观评判，最后的判定总是人为的。

数学关乎剔除事物中主观人为的部分，让事情只遵循逻辑运行。这既能让人感到满意，因为每件事都因此变得非常清晰、毫不含糊，也能让人丧失成就感，因为本质上我们是把自己从我们研究的事物中剔除了。不过，我们的目的并不是把所有的人类活动都变成纯逻辑的过程，就像我们并非试图宣称跳高就是人生的全部（虽然正在参加跳高比赛的选手可能真的会这么想）。我们的目的是清晰、准确地认识事物的某些方面。跳高的目的是看看人类在助跑的帮助下能跳过多高的横杆。这是一种非常有观赏性的体育赛事（背越式跳高的动作是如此优雅，和它平庸的名字完全不符），它吸引我的另一个原因是它突出了人类的某个十分纯粹的特征。百米短跑吸引我的原因也是如此，而不是尤塞恩·博尔特比我们其他人更容易赶上公交车。

你几乎可以想象得出在最开始的时候，跳高的规则是如何被"公理化"的，换句话说，这些规则是如何制定出来的。让我们再次尝试回溯历史。也许一些人曾互相比赛谁能跳过更高的篱笆，而其中一些人意识到了，如果他们可以在跳高之前先跑一段路，他们就可以跳得更高。之后，大家也许会开始讨论究竟可以允许选手在跳高之前跑多远，再之后，大家可能会开始讨论是否可以在篱笆的另一边放一个垫子作为着地缓冲，等等。

数学的一部分公理化也是以类似的方式实现的。

有理数是将整数写成 a/b 的形式得到的，其中 a 和 b 都是整数（正整数或负整数）。而很快你就会意识到，对于这个定义，你必须增加一个限定条件，即 b 不可以为 0，因为那样的话 a/b 就没有意义了。

然后你又会意识到，还要再加上一个规则，说明 1/2 其实和 2/4、3/6 都是一样的。有两种方法可以用于对这一规则进行说明，第一种是宣布所有的分数都必须写为最简分数，即分子和分母没有公约数。但这种说法多少有些言不由衷，因为 2/4 也完全符合分数的定义。

在数学上，另一种更成熟的做法是，接受所有以 a/b 形式出现的分数，但增加一条公理用以管理本质上相等的分数，也就是：

只要 $a \times d = c \times b$，那么 $a/b = c/d$。

这条公理看起来有些隐晦，它实质上说的就是："如果我们把这样的两个分数约分为最简分数，那么它们就会相等。"上面这个表达式只是一种更有效的描述方式。

切蛋糕
贯彻严谨的原则来避免含糊不清

如果你有弟弟或者妹妹，我相信你小的时候肯定遇到过这个问题：怎样才能把最后一块蛋糕平均地分给你们两个人呢？你也许想出了"我切，你选！"这个绝妙的办法。这样的话，如果你是切蛋糕的人，你就必须切得很均匀，因为如果一块儿比另一块儿大，那么很明显你的弟弟或者妹妹会拿走大的那块儿，而你只能怪你自己。

很好。这个问题解决了。但是……如果你有一个弟弟和一个妹妹呢？你需要把最后一块蛋糕分成 3 份。如果要分成 4 份呢？ 11 份呢？

分一个圆蛋糕不是很难（无论如何，你至少能借助量角器来分），但如果你要分的是一角蛋糕呢？或者一个恐龙形状的蛋糕呢？你要怎样才能做到平分？

这个问题的关键和投票系统是否公平这个问题是一样的：什么是"平均"？为了解决这个问题，我们必须非常明确问题的含义具体是什么，这就需要我们将切蛋糕这个情境公理化。实际上，这个问题已经有人研究过了，它已经成为一个经典的数学问题。

假设我们要将蛋糕平均分给三个人。下面是两个此情境下的"平均"定义：

1. 每个人都认为他们至少得到了蛋糕的三分之一。

2. 没有人认为别人得到的蛋糕比自己多。

第一个定义可以被视为"绝对公平"，因为每个人只依据自己分得的蛋糕本身来评判。第二个定义可以被视为"相对公平"，因为每个人都在对比自己和别人分得的蛋糕分量的大小。第二种也被称为"无嫉妒的公平"，因为对于这种公平来说，很重要的一点是没有人嫉妒别人分得的蛋糕比自己更多。

如果你只是在两个人之间分蛋糕的话，那么这两种公平就是一样的。但如果是在三个或者更多人之间分蛋糕的话，情况就变得复杂多了。你也许认为自己的确分到了三分之一的蛋糕，但如果你觉得你弟弟比你分到的更多，你就会觉得不公平，即使这真的不该是你关心的问题。

通过精确设定关于平均的定义和规则，这个问题就被转变为一个数学问题。我们必须把各种复杂的可能性都考虑进来，比如，不仅蛋糕的形状可能不是圆的，而且它可能有糖霜、杏仁膏、樱桃等不同的装饰物，不同的人对于这些装饰物的喜好程度也不一样。小的时候，我和我最好的朋友总是可以非常完美、愉快地分享圣诞节蛋糕，因为她不喜欢蛋糕，而我不喜欢糖霜和杏仁膏。

其实，一旦我们把分蛋糕的问题进行了精确的公理化，我们就会发现这些原则适用于平分任何事物，包括不能切割的事物。现在，这类问题可以被数学化地解决，而且它的解决方案相当复杂。有意思的是，当引入嫉妒这个概念时，问题就会变得更加复杂——这是关于嫉妒让世界复杂化的一个数学证明。

不管用什么方法在 n 个人中分一块蛋糕，每个人对每块蛋糕占整个蛋糕的比例也肯定都有自己的想法。所以，如果有 5 个人分蛋糕，而且你觉得蛋糕是被完全平均分配的，那么你就会认为每块蛋糕都是整个蛋糕的 1/5 或者 0.2。但如果你觉得分配得不平均，那么也许在你看来，每块蛋糕占整个蛋糕的比例就分别是：

0.3、0.25、0.25、0.1、0.1

这组数据说明，5 块蛋糕中有一块蛋糕是最好的（也许是因为那块蛋糕上面有一颗樱桃），并且有两块蛋糕肯定是缺斤少两的。但另一个人也许会以不同的方式对这些蛋糕打分（比如可能是因为他不喜欢樱桃）。

- 绝对公平的意思是，每个人都得到了一块他们自己认为至少是占整个蛋糕 $1/n$ 的蛋糕。

- 相对公平的意思是，如果我给我分到的那块蛋糕打分为 x，而给你分到的那块打分为 y，那么 $x \geq y$。

所以在我和我的朋友分蛋糕的时候，我会给只有蛋糕没有糖霜的那部分打 1 分，而给只有糖霜没有蛋糕的部分打 0 分。相反，我的朋友会给没有糖霜只有蛋糕的部分打 0 分，而给只有糖霜没有蛋糕的部分打 1 分。在分完蛋糕后，我的感觉是我的那块比她的那块好多了，而她的感觉则是她的那块比我的那块好多了，因此我们两人都很满意，我们可以做一辈子的朋友。

为什么？为什么？为什么？（再一次）
严谨的逻辑规则从哪里来

当小孩子反复地问"为什么"的时候，你也许会厌烦地想，还有完没完？答案是，没有完。小孩子对于那些他们不理解的事情好像要比我们更容易感到困扰。作为成年人，我们习惯了接受权威灌输给我们的事实，即便我们没有得到解释。现在，大多数人都接受了地球围绕太阳转这个事实，但实际上，大部分人都没有直接的证据证明这个事实，除了其他人告诉我们这是真的，而我们都选择了相信。为什么我们会选择相信呢？因为我们相信一定有人验证过这个事实了。但我们为什么要相信那些人的判断呢？

我们希望孩子们学会以"理性"处事，但我们有时也希望他们能相信他们并不理解的事情就是事实。这种矛盾让孩子们困惑不解，对此我并不感到奇怪。成年人一直在确实符合逻辑的事实和盲目"相信"之间随机摇摆。

将一个体系公理化的目的之一就是把这两点清楚地区分开来。一方面，我们有基础的出发点，就是那些属于公理的、无须证明的事实。另一方面，我们有经由逻辑演绎得到的其他事实，这些事实的合理性和正当性可以由那些公理证实。

但关键在于，如果我们不以一些假设作为起始点，我们就无法向下推断演绎出其他的一切。你有没有试过在没有乐高积木的前提下用乐高积木搭建东西？这显然是做不到的。同样，用纯粹的逻辑来处理问题的确很好，但它只能让你从一些事推断出另一些事。如果你在最开始什么都没有，那么你就什么也得不到。所以，数学并不是关于"绝对真理"的科学，就像路易斯·卡罗在以下这个悖论中提到的，这段话最早发表在《阿喀琉斯听乌龟说》一文中，刊登于 1895 年的一期《心灵》期刊上。

卡罗讨论了以下三个陈述：

A. 几个都等于同一个事物的事物是相等的。
B. 某个三角形的两条边都等于另一条边。
Z. 这个三角形的两条边相等。

如果你用尺子量三角形的两条边，发现它们都是 5 厘米长，你也许就会碰到上面这种情境。你得到的测量结果是否表示三角形的这两条边是一样长的呢？也就是说，逻辑上 Z 是否可以由 A 和 B 推导出来呢？就这种情境而言，答案看起来显而易见……但这是为什么呢？如果一个两岁的孩子问你为什么 Z 一定是对的，你准备怎么解释？这很难解释。之所以这个问题被称作悖论，是因为一旦你接受 A 和 B 为真，那么 Z 显然就是真的，但是，在逻辑上，我们不可能仅由 A 和 B 推出 Z。它在逻辑上为真，仅仅是因为我们相信如下陈述：

C. 如果 A 和 B 为真，则 Z 一定为真。

现在我们可以推导出 Z 了吗？实际上，我们认为 Z 为真仍然只是因为我们相信：

  D. 如果 A 和 B 和 C 都为真，则 Z 一定为真。

  那么现在我们可以直接由 A、B、C……推出 Z 了吗？似乎仍然不能。天啊！我们好像让自己陷入了一个需要无穷多个步骤才能推导出 Z 的逻辑里，虽然 Z 是 A 和 B 的结果这件事看起来那么显而易见。这就是为什么它被称作悖论。

  你也许对刚刚这个例子感到十分气愤，并且争论说 Z 当然可以由 A 和 B 推导出来。事实上，数学也是这么做的。它先验地接受了这样一个基本原则：如果你知道 P 为真，并且你知道"P 意味着 Q"，那么你就可以下结论说 Q 也为真。

  在卡罗的悖论里，P 就是"某个三角形的两边都等于另一条边"，Q 就是"这个三角形的两边相等"。

  在数学逻辑里，这个基本原则叫作"推理规则"（rule of inference），因为它允许我们由一件事推理出另一件事。它还有一个更广为人知的名字叫作"肯定前件"（Modus ponen，按字面意思理解就是"肯定的方法"）。它是如此的基础和显而易见，以至人们很难记住它其实是一条公理，一种我们允许自己使用的配料。就像你不会把盐和胡椒算作食材的一部分，因为它们太基本了。如果这个"悖论"在你看来无论如何都不像悖论，那么这可能反而进一步证明了这条推理规则在我们的逻辑思考中是多么基础的一部分。

  所有数学问题的解决都可以看作我们从某个基础假设 A、B、

C 等出发，试图用逻辑和推理规则得到最终结论 Z。为了理解如何正确地实施这个流程，我们现在来看一看我们可能以哪些方式出错。其中一个出错的方式就是你起始于正确的假设，但接下来的推理演绎走错了方向。这就像使用了正确的食材和错误的烹饪方法。不过，首先我们还是看看连基本假设都错了的例子。

幽门螺旋杆菌
正确的规则和错误的积木

2005 年的诺贝尔生理学或医学奖颁发给了巴里·马歇尔和罗宾·沃伦，以表彰他们发现了幽门螺旋杆菌及其导致胃炎、胃溃疡与十二指肠溃疡等疾病的机理。在沃伦的获奖感言中，他描述了他在试图向世界证明人类的胃部确实存在幽门螺旋杆菌时的困难。他说：

> 在 100 多年前医学细菌学发展的初期，医生们被教导说人类的胃部没有细菌。在我上学的时候，这是一个显而易见的事实，甚至不值一提。它是一个"已知事实"，就像曾经的"每个人都知道地球是平的"。

从他的话来看，医学界似乎一直将此看作公理——一个无须证明的事实，就像地球是平的一样"合理"。沃伦还说：

> 随着我在医学和病理学方面的知识积累，我发现对于那些

"已知事实"，我们总会发现例外情况。

沃伦的意思就是，有时候，公理是错的。清晰阐述某个系统的公理的目的之一就是弄清楚哪些事实可能需要再次被证实。就像欧几里得在总结几何学的公理时所做的那样，他的描述非常清晰，这让以后的数学家得以清晰地思考关于平行线的问题，并据此创造出之前我们讨论过的各种几何形状。

婴儿猝死症
正确的积木和错误的规则

1999 年，律师莎莉·克拉克被错误地指控谋杀她的两个婴儿。指控主要基于精神病专家罗伊·麦德尔提供的"专家证据"。争论的焦点在于，两个婴儿是的确不幸地死于婴儿猝死症，还是一切并非巧合而涉及人为因素。麦德尔在做证时指出，一个家庭发生两起婴儿猝死症致死事件的概率是七千三百万分之一，几乎等同于不可能。麦德尔这一论证的致命错误就在于，他简单地把婴儿猝死症的发生概率做了平方，然后就得出了他的结论。

在很多情形下，这的确是计算一件事发生两次的概率的正确方法。在掷硬币的时候，你得到正面朝上结果的概率是二分之一。如果你抛掷两次，两次都得到正面朝上结果的概率就是：

$$\frac{1}{2} \times \frac{1}{2} = \frac{1}{4}$$

然而，如果抛掷了 1000 次硬币，并且每一次都得到了正面朝上的结果，你很可能就会怀疑硬币被做了手脚，这样一来在每次抛掷的时候，得到正面向上结果的概率就根本不是二分之一。你会怀疑这枚硬币可能更容易以正面朝上的方式落地。

对于某些疾病，你并不需要亲眼见证某个家庭中出现了 1000 名该疾病的患者也能猜出它在这个家庭出现的概率不同于在一般家庭出现的概率。如果你的家中有一个人得了流感，你就会更容易得流感，因为这是一种传染性疾病。对于某些遗传性疾病，同样的道理也是适用的，比如，如果你的家族成员中有人得了乳腺癌，那么家族中的其他女性就会有更高的乳腺癌患病率。这不是因为乳腺癌有传染性，而是因为一个人患病就足以证明相关遗传基因的存在了。

严格地讲，这一事实告诉我们的是，乳腺癌在同一个家庭中不同成员身上发病的概率并不是独立事件。而只有当所讨论事件为独立事件时，我们才能通过概率相乘的方法得出关于几件事同时发生的概率的结论。

表面上看，罗伊·麦德尔的假设如下所示：

A. 婴儿猝死症致死事件的发生概率（大约）是八千五百分之一。

B. 两个相同的独立事件都发生的概率等于一件事发生的概率的平方。

Z. 因此，一个家庭发生两起婴儿猝死症致死事件的概率是八千五百分之一的平方，也就是七千三百万分之一。

但事实上，这一推理过程暗含了一个假设：

C. 一个家庭内部发生的婴儿猝死症致死事件是独立事件。

在麦德尔说出以上论证依据时，假设 A 和假设 B 的真实性在当时看起来是不可辩驳的，因此 Z 就被认为是真的了。但专业的统计学家一下子就发现了漏洞。英国皇家统计学会甚至发布了一份相关的新闻稿以纠正其中的错误，号召大众关注这个问题。不使用逻辑是很危险的，但有些时候，错误地运用逻辑更加糟糕，因为逻辑元素的引入为论断增添了表面上的科学性，这就让并非专家的普通人很难辩驳。直到 2003 年，莎莉·克拉克已经因谋杀自己的两个婴儿被判入狱 3 年，这项指控才被最终推翻。但她本人未能从这段创伤经历中走出来，不幸于 4 年后死于酒精中毒。

国际象棋
简单的规则和复杂的游戏

国际象棋经久不衰的魅力之一就在于它的规则并不难解释，但由此规则衍生出的棋局和对决又极其复杂。我最近向一个六岁的孩子解释了国际象棋的规则，并很快开始和他下了起来。在电脑程序的帮助下，他能看到每一步棋理论上可以走的位置。

设定游戏规则，或是给一个系统设定公理，这件事带来的成就感就在于，你可以看到用如此少的规则或公理就能创造出一个非常复杂的游戏。这就像数学家试图证明平行公设是欧几里得几何公理中多余的那一条一样。如果在你设定的规则或公理中，其中一条规则可以由其他规则推导出来，那么你就应该把这条规则剔除出去。

因此，范畴论的一个迷人之处就在于，你不需要先弄懂很多规则就能开始研究具体问题。和数学类似，范畴论看起来很难理解至少有以下两个原因：

1. 你也许并不熟悉或者不关心你希望弄明白的那些问题。如果你研究数学更多地受外在动机而非内在动机驱使的话，这就是一个很大的障碍。
2. 范畴论用到的假设很少，所以你可能需要非常努力才能从有限的假设推导出更多的东西。这有点儿像拼一个拼图碎片被切割得很小的拼图，或者从零开始配置原料而非用现成的蛋糕粉烘焙蛋糕。

第二点让我联想到关于需要很少器械的运动（比如跑步）和需要昂贵器械的运动（比如帆船运动）之间的比较。更富有的国家通常会在这些需要昂贵器械的运动项目上表现得更好，这件事没什么奇怪的。但我个人对于不需要昂贵器械的运动更感兴趣，既有观赏比赛这方面的兴趣，也有将其视为一种人类行为进行研究这方面的兴趣。的确，跑 10 公里比骑行 10 公里更难，但长跑运动员仅仅依赖于自己的身体能力来完成比赛这件事本身就足够激动人心了。

基于同样的原因，我认为数学是所有学科里最令人激动的一门，因为攻克数学难题只依赖于我们的大脑。

数字系统、钟和平衡
一些公理化的例子

我现在要给大家展示一个对于数字系统的公理化的过程，这个过程让我们可以把"钟表"算数和图形的对称性放到同一个框架里讨论。这就是数学里"群"的概念。

首先，我们宣称我们有一组"物体"。在这个阶段，这些物体是什么并不重要——重要的是，它们符合我们加于其上的规则。而最后，我们会看到它们可以是整数、分数、三角形的对称性以及很多其他东西。但它们不能只是正数或无理数，也不能是鸟类、汽车或苹果。

然后，我们宣称我们有办法把任意两个物体组合成第三个也属于同一类别的物体。对数字来说，这种办法可能是相加或相乘。我们也可以试试相除，但在之后对其是否符合规则进行检验的时候，我们就会看到相除并不符合所有的规则。

这种"组合"物体的方法叫作"二元运算"（binary operation），因为我们对两个物体进行了某种运算，从而得到了第三个物体。在更抽象的情境下，这种运算可能看起来完全不像是在"组合"两个物体，它可以是能够制造出第三个物体的任何过程或方式。我们可以用"。"指代这种运算，因为我们不知道这种运算到底是 + 还是

× 还是别的什么，但当我们写下它们需要遵循的规则时，我们需要用一个符号来指代它。以下就是一些规则。

结合律

对于任何物体 a、b、c，以下等式都必须成立：

$$(a \circ b) \circ c = a \circ (b \circ c)$$

所以对于加法来说，就是：

$$(2 + 3) + 4 = 2 + (3 + 4)$$

对于乘法来说，就是：

$$(2 \times 3) \times 4 = 2 \times (3 \times 4)$$

用 a、b、c 和奇怪的 $\circ$ 符号来"抽象"地表示规则给我们省了很多精力，因为我们不仅不需要为每个数字写出这个等式（这显然是不可能做到的，因为数字是无穷的），也不需要单独为加法和乘法写出这个等式，因为它们都是同一概念下的不同例子。

我们现在可以看到减法不遵循这个规则。举例而言：

$$5 - (3 - 1) = 5 - 2 = 3$$

但是，

$$(5 - 3) - 1 = 2 - 1 = 1$$

因此减法不遵循结合律。

单位元

一定存在一个物体是"什么都不做"的，也即当它与其他物体结合时，它并不会改变那些物体。我们可以称之为 E，"什么都不

做"就意味着，对于任何物体 a，

$$a \circ E = a，且 E \circ a = a$$

物体 E 也被称为单位元。

如果我们讨论的是数字的加法的话，那么你能找到对应的单位元是什么吗？它必须是一个数字，并且当你把它加到任何别的数字之上的时候，那个数字不会发生变化。所以，这个单位元只能是 0。

如果我们讨论的是数字的乘法的话，那么对应的单位元就必须是一个它乘以任何数字，那个数字都不会发生变化的数。所以它只能是 1。

因此，这组物体不能只包含无理数的另外一个原因就是——没有无理数可以充当单位元。

逆元

每个物体都必须有一个对应的逆元，使两者可以相互抵消。严格地说，这意味着当把二者结合起来时，其结果只能为单位元。因此，对于任意物体 a 来说，必须有物体 b 使得

$$a \circ b = E，且 b \circ a = E$$

如果我们讨论的是数字的加法，那么逆元意味着什么？在这种情况下，单位元是 0，所以对于任意数字 a，我们需要找到数字 b，使得

$$a + b = 0，且 b + a = 0$$

如果这句话对你来说太抽象了，不妨试试代入具体的数字，比如 2。我们可以给 2 加上几使得结果为 0 呢？答案是 -2。这种做法

对于任意数字 a 都是成立的，因为我们总是可以给它加上 $-a$，使得结果为 0。值得注意的是，这个规律对于负数也是成立的。如果我们代入数字 -2，我们就需要给 -2 加上 2 以得到 0，而 2 就等于 $-(-2)$。

这就是这组物体不能只包含正数的原因，即便再加上 0 也不行，因为我们无法找到它们的逆元。

如果我们讨论的是数字的乘法呢？这样的话，单位元就是 1。所以对每个数字 a，我们需要找到另一个数字 b 使得：

$$a \times b = 1，且 b \times a = 1$$

你也许又想代入数字 2 试试。我们可以用 2 来乘以几得到 1 呢？答案是 1/2。这时候，我们应该意识到两件事：第一，这组物体不能只包含整数——我们还需要分数。第二，这组物体不能包含 0，因为 0 乘以任何数都无法得到 1，只能等于 0。

几个例子

现在我们已经对群这个概念进行了公理化，我们可以举些例子。对于每个例子，我们都必须说出集合中的元素是什么，以及组合它们的方法是什么。

- 整数集合，二元运算为加法是一个群，但整数集合及其乘法不是，因为后者没有逆元。
- 有理数集合，二元运算为加法是一个群，但有理数集合及其乘法不是，因为 0 没有逆元。

- 无理数集合，二元运算为加法不是一个群，因为对无理数来说，加法甚至不是一个有效的二元运算——如果你把两个无理数相加，其得到的结果可能会是一个有理数。例如，把 $\sqrt{2}$ 和 $-\sqrt{2}$ 相加，你会得到 0，而 0 是一个有理数。也许你会觉得举这个反例像是在"作弊"。的确，这个例子令人气恼，但是在数学里，我们就是这样"死板"地遵循规则的，不管规则是否令人恼怒。

- 自然数（正整数）集合，二元运算为加法或乘法都不是一个群，因为两者都没有逆元。

- 自然数集合，二元运算为减法也不是一个群，因为对自然数而言，减法不是有效的二元运算。比如，1 和 4 是自然数，但 $1 - 4 = -3$，而 -3 就不是自然数了。对于整数来说，减法的确是一个有效的二元运算，但我们之前已经看到了，整数的减法不符合结合律，所以这个运算也不能让整数及其减法成为一个群。

- 一圈只有 3 个小时的钟是一个群：这个集合里的元素就是数字 1、2、3，组合它们的方式就是我们之前提到的"3 个小时的钟的加法"。我们也可以对一圈为任意小时数的钟，也就是 n 小时钟的做这个运算。数学上，这种集合叫作"整数模 n"，钟面上的运算叫作"模运算"。我们在后文还会反复提到这个非常有趣的问题。

还记得吗，矩阵是这样的：

$$\begin{pmatrix} 1 & 0 \\ 3 & 2 \end{pmatrix}$$

这是一个 2×2 的矩阵，它有两行和两列。我们可以通过把相同位置的数字相加将两个 2×2 的矩阵相加。所以：

$$\begin{pmatrix} 1 & 0 \\ 3 & 2 \end{pmatrix} + \begin{pmatrix} 7 & 4 \\ 6 & 5 \end{pmatrix} = \begin{pmatrix} 8 & 4 \\ 9 & 7 \end{pmatrix}$$

现在，我们来找一个"什么都不做"的矩阵，这个矩阵与其他矩阵相加不会改变后者。因此，这个矩阵是：

$$\begin{pmatrix} 0 & 0 \\ 0 & 0 \end{pmatrix}$$

这就是在矩阵的世界里扮演 0 这个角色的矩阵。现在，我们对此类矩阵及其加法运算进行检验，看看它是否符合其他所有的公理。我们会发现，2×2 的矩阵，二元运算为加法就是一个群。这一特性对于其他行列数的矩阵也成立，只不过你不能把不同行列数的矩阵相加，因为这样的话我们就无法找到所有位置的对应数字了。

最后，我们举一个与数字无关的例子来说明公理化的力量。其实这个例子才是群这个概念源起的地方，它是关于对称性的。

我们曾讨论过等边三角形的对称性问题。

对于上面这个等边三角形，它的对称性有两种：旋转对称（中心对称）和反射对称（轴对称）。等边三角形有三种旋转对称和三种反射对称。

在数学里，我们可以把对称想象成一种你可以对三角形进行的操作。你可以想象在白纸上剪出一个三角形的形状，并真正地旋转它。对于反射对称，你可以沿着对称轴把它翻转过来。（我们一般以对折后，图形的两半可以重叠来解释反射对称，但你也可以按照图形翻转 180° 后仍和原来的图形一样来理解。）

那么现在我们就可以通过先做一个对称操作，再做另一个对称操作来结合这些对称了。我们可以想象先旋转三角形然后再把它翻转过来，而由此得到的结果必须是另外一种对称。比如：

- 如果你把它旋转一次，再旋转一次，你就得到了第三种旋转对称。
- 如果你把它翻转一次，然后再翻转一次（沿着另一条对称轴），则三角形就回到了正面朝上的状态，但相比于最初多半是换了一个角朝上，所以你得到的结果就是一种旋转对称。
- 如果你把它翻转一次，然后再旋转一次，则现在它就是背面朝上，所以就结果而言，你得到的是一次翻转，也就是说反射对称。先旋转再翻转也是一样的。

我们可以用一张的 6 × 6 的表格来展示所有对称的组合可能性，

以及如果我们将同一个操作连续做两次的结果是什么。然后，我们可以检查所有的组合所满足的公理。对于所有这些组合，单位元是一个你不需要费力思考的问题：旋转 $0°$。如果我们把对称看作一个操作，那么单位元就意味着我们让三角形保持原状。

找出逆元还要更容易一些。一个旋转对称的逆元就是以同样的角度反向旋转。一个反射对称的逆元就是沿同一条线再次翻转——如果你以同样的方式翻转两次，你就回到了起点。结合律则没有那么容易验证，但如果你想出了所有对称的组合可能性，你就会发现它也是成立的。

这就意味着，等边三角形的对称是一个群。事实上，任何事物的对称都能组成一个群。这是数学家最初研究群的一个重要原因，它让我们看到，如果你抽象地看待事物，你就会发现它们之间存在着看似不可能存在的相似性。数学的终极目标是找到事物的相似性，而范畴论就是关于找到数学事物的相似性的学科。

8 数学是什么

 蛋奶糊

原料

6 个蛋黄

50 克白砂糖

1 品脱① 浓奶油、淡奶油或牛奶（依据个人喜好决定）

方法

1. 打发蛋黄和白砂糖，直到混合液体变得浓稠、顺滑，呈白色。如果你在打发的过程中认真观察的话，你就会发现它的颜色和浓稠度发生了显著的变化，就像发生了某种化学变化一样。

2. 加热牛奶或奶油直到锅边出现泡泡。慢慢倒入打发的蛋黄和白砂糖混合液中，轻轻搅拌。

3. 快速洗净平底锅，把步骤 2 中的液体倒入锅内。用小火加热，并持续不断地搅拌。当汁液浓稠到能够附着在勺子背面，蛋奶糊就做好了。

做蛋奶糊通常被视为一个技术活儿，原因就在于制作过程的最后一步。对最后一步的一种更为精准的描述是这样的：

---

① 1 品脱（英）≈ 5.6826 分升。——编者注

注意看蛋奶糊逐渐变稠的过程，当你发现它看起来出现了质感的变化时关火。注意，不要等到蛋奶糊的浓稠度已经达到你期待的程度时再关火，因为关火之后，锅中的蛋奶糊还会继续受热，这样你的蛋奶糊就可能会因为煮过头而凝固。然而，如果你等待的时间不够长，蛋奶糊可能就会过于稀薄，而且不够热。你可以拿一个玻璃罐子，在罐口上面放一个滤网，然后将蛋奶糊透过滤网倒进玻璃罐子，这样一来它就能更快地停止继续受热。我试过用滤网和不用滤网两种方式，不过并不能确定二者的效果是否有差别。但不管怎样，使用滤网能让我感到更加心安，因为我会认为自己已经尽了全力。如果你关火的时间过于"刚刚好"的话，那么在你将锅中的蛋奶糊倒入玻璃罐的时候，锅里剩下的最后一部分蛋奶糊很可能已经煮过头了，在这种情况下，你可以直接丢掉最后这部分。

我们现在可以看出来为什么蛋奶糊总是被认为很难做了——因为它的制作方法不够清晰。它与准备精确分量的配料以及设置具体的烤箱温度并借助计时器计时不同。它的最后一个制作步骤几乎需要用一篇文章来详细描述，并且即便如此，唯一确保正确完成该步骤的办法也只有勤加练习。烹饪书在描述蛋奶糊成品的浓稠度时经常会说：蛋奶糊可以覆盖勺子的背面，并且当你用手指划过这把沾满了蛋奶糊的勺子的背面时，你划过的地方会留下一道痕迹。但我从来没能理解这条指示，因为在我还没开始煮蛋奶糊的时候，它似乎就已经达到这样的浓稠度了。这就是做蛋奶糊让我觉得很兴奋又有点儿畏惧的地方：你必须在很短的时间内做出自己的判断，并且你很难让机器人来代替你做这件事。

现在，我要给本书的前半部分画上一个句号。在这一章，我想向大家说明，数学实际上是很简单的，其道理就像蛋奶糊很复杂一样。

逻辑与非逻辑

为什么数学简单而生活复杂

数学很难，这是公认的事实。至少，从我数次在告诉别人我是数学家后他们给出的反应"哇，那你肯定很聪明"来看，事情的确如此。

这是一个关于数学的迷思。而现在，我要勇敢地，或者说鲁莽地来破除这个迷思。我想做的事可能有点儿像蒙面魔术师法尔·范伦铁诺在电视节目中揭开魔术的秘密一样（他最终遭到了魔术界的驱逐）。但无论如何，我还是想要向大家证明，数学是简单的，事实上它就是"易"。[①]

首先，我认为我最好解释清楚什么是"简单"，就像在切蛋糕的问题里，你首先要清晰地定义"公平"。就我个人的理解，"简单"意味着：如果某事可以通过逻辑思考得出结果，它就是简单的。也就是说，不需要依赖于想象力、猜测、运气、直觉、复杂的解释、信仰、勒索、毒品、暴力等，你就可以解决问题。

[①]　原文"that which is easy"出自《道德经》63章："天下难事，必作于易；天下大事，必作于细。"这句话的英文译文为："All difficult things have their origin in that which is easy, and great things in that which is small."——编者注

与之相反，生活很复杂。因为它涉及许多不能够借助逻辑思考得出结论的内容。你可以把生活的这个方面看作暂时而必要的恶，或者永恒而美好的真理。也就是说，我们可以认为：

1. 生活是这个样子，仅仅是因为我们的逻辑思考能力还没有强大到能够理解生活的全部，并且我们应该持续不断地为这个理性的终极目标而努力。或者，

2. 我们永远不可能只凭理性来解释一切，而这正是人类存在本身必要而美好的一部分。

我更相信第二种说法。下面我来说说这是为什么。

数学是简单的
只要你有对"简单"的正确定义

数学是什么？之前我说过："数学是运用逻辑规则，对所有符合逻辑规则的事物进行的研究。"那么，数学是用来做什么的呢？我准备用以下两点来总结本书前半部分的讨论。我认为，数学有两个广义的用途：

1. 提供一种对概念进行精准描述的语言和一个清晰阐述关于这些概念的论证的系统。

2. 对概念进行理想化处理，着重探讨不同概念的相似部分，从

而使得对不同概念的同时比较和研究成为可能。

简单地说，数学的目的是让复杂的事物简单化。事物复杂的原因有很多，而数学并不会处理所有这些复杂的情况（或者说，就算处理，也往往不是直接处理）。有三种复杂的情况是数学会处理的：

1. 仅仅依靠我们的直觉不足以得出结论。
2. 包含太多模棱两可的部分，以至无法做出判断。
3. 在太短的时间内有太多要处理的问题。

在这些时候，数学就会来帮助我们了。

1. 它会帮助我们建立和理解就一般直觉而言太难理解的论证。
2. 它能够去除模糊不清之处，让我们可以准确地知道我们所讨论的究竟是什么。
3. 它可以帮助我们寻找捷径，同时回答很多的问题，因为它证明了这些问题其实都是同一个问题。

数学是怎么做到这一切的呢？借助抽象：剔除模棱两可的部分，忽略与当前问题无关的细节。

在数学中，你需要做的就是不断地剔除和忽略，直到你不再需要做其他，只需要应用纯粹、明确的逻辑规则进行思考。

香蕉和金发女郎

忽略复杂的细节

以下是一些我们可以尝试用数学的方法来解决的问题。

1. 一只香蕉加一只香蕉再加一只香蕉等于三只香蕉，一只青蛙加一只青蛙再加一只青蛙等于三只青蛙。对于这些类似的情况，我们会想："似乎有什么相同的事情发生了。"于是，这类问题就变成了 $1+1+1=3$。

2. 如果我们问："三个金发女郎加上两个褐发女郎是几个人呢？"去掉发色这个无关信息，这个问题就变成了："三个人加上两个人是几个人呢？"于是，这个问题最终变成了一个求和问题：$3+2=?$

3. 我爸爸的年龄是我的年龄的 2 倍，但是 10 年前，他的年龄是我的年龄的 3 倍。那么他现在的年龄是多少？或者，已知这袋苹果中的苹果数量是那袋苹果中苹果数量的 2 倍，如果我从两袋苹果中各拿出 10 个苹果的话，这袋苹果的苹果数量就是那袋苹果的苹果数量的 3 倍。那么，这个袋子里有多少个苹果？

问题 3 中的两个小问题都可以写成一组方程：

$$x = 2y$$
$$x - 10 = 3(y - 10)$$

对于这两个问题，也许你可以不用特意写出方程组就能直接心算出答案，那么下面这个问题呢？你可以心算出这个问题的答案吗？

篱笆上搭着一条绳子，它在篱笆两面落下的长度相同，并且这条绳子每英尺重 1/3 磅。绳子的一端拴着一只拿香蕉的猴子，另一端则挂着和猴子一样重的砝码。香蕉的重量为每英寸 50 克。绳子长度的英尺数和猴子的年龄一样，猴子体重的克数和猴子妈妈的年龄一样。猴子的年龄和猴子妈妈的年龄加起来是 30 岁。猴子体重的一半加上香蕉的重量是绳子的重量与砝码重量之和的 1/4。猴子现在的年龄的 1/4 的 3 倍的 1/3 的 2 倍的 4 倍的一半的 3 倍的一半是猴子妈妈现在的年龄。那么问题是，这只香蕉有多长？

---

4. 我现在很开心。如果我去蹦极，我的心情会是怎样的？

这个问题太模糊了。那么数学怎么处理它呢？忽略它。（正是这一点让数学变得简单了许多。）

5. 我们想知道斯诺克台球是怎么玩的。

首先，我们需要想象台球桌上的每个球都是完美的球形，都是光滑的、完全坚硬的。我们也许会想到与之相关的诸如摩擦力、反弹力、旋转等因素。我们可以忽略诸如颜色等无关细节。当然，在实际比赛中，颜色并不是无关因素，为赢得比赛而不得不让黑球入袋更多次的压力并不是数学可以解决的问题。

上述所有问题解决方式的重点在于：我们通过忽略复杂的事物让事物简单化了。换句话说，数学研究的是我们不必剔除的部分——那些简单的部分。

如果数学很简单，为什么它学起来很难？

你也许已经想指出我论点里的漏洞了：如果数学很简单，为什么有人觉得它难？把事情复杂化就像把事情简单化一样有无数多种方法，并且我们很确定其中许多的复杂化方法都被应用到了数学之中。

如果有人觉得数学很难，那么原因可能是没有人告诉他们数学是干什么的——把叉子当刀用是很困难的，用叉子来吃三明治、喝汤或者吃一包巧克力豆也很困难。

如果有人觉得数学很难，那么原因也可能是他们没有兴趣去解答数学试图简化的问题。三角学使得理解三角形变得非常容易。但如果你对三角形完全不感兴趣，你就不大可能认同三角学简化了你的生活。

而还有一些人认为数学很难，是因为如果不被允许使用想象力、猜测或暴力，他们就会觉得问题很难解决。理性地说，在我们朝着终极理性的理想前进时，这种思维方式正是我们应该反对的。

终极理性的目的

很多人，尤其是数学家、哲学家和科学家，都认为我们人类应该努力变成完全理性的人。如果我们发现自己在某些方面不理性，我们就应该处理这个问题，解决这个问题，以便让自己更接近终极理性这个目标。这件事包含两方面的含义。

- 我们应该成为完全理性的人（也就是说，我们的行为和思考都应该是理性的）。
- 我们应该有能力以完全理性的方式来理解所有的事情。

现在，我想运用逻辑思维来弄清楚上述论点的真正含义。

逻辑的背景

本科生的逻辑学考试有一个经典问题，就是试着用逻辑证明为什么民主无效。这和我们之前描述过的阿罗悖论不同，阿罗悖论证明了为什么选举制度不可能是公平的，而这次我们要证明的是民主作为一种政策制定系统是无效的。

我们的基本假设是，民主系统中的每一个人都是理性的。这是由他们每个人自己的信念来界定的，即他们的信念应该是理性的。

用一种更准确的方式来看（这就是数学家们做的事），在民主系统中，每一个个体的信念都具备"内部一致性"及"演绎封闭性"（deductively closed）。这是什么意思呢?

当一组信念之间不存在矛盾时，我们就说它们是内部一致的。对逻辑初学者来说，这就是说，你不会认为某事既真又假。比如"我聪明，我不聪明"就是一个明显不一致的陈述。与此同时，你也不会相信一个会引发矛盾的说法。比如，如果你认为：

A. 所有的数学家都很聪明。

B. 我是一个数学家。

C. 我不聪明。

这就引发了矛盾，因为 A 和 B 蕴含了"我聪明"的意思，这就与 C 矛盾。

如果逻辑上任何从你的某个信念演绎出的其他信念也是你的信念之一，那么你的这一组信念就具备了封闭性。例如，如果你相信：

A. 所有的数学家都很聪明。

B. 我是一个数学家。

那么你就必须也相信：

C. 我很聪明。

因此，这道逻辑考试题实际上说的就是：假设我们要对所有的信念进行投票，并且政府会根据大多数人对每个信念的投票来进行决策。然后，我们来看看这组"大多数人同意的信念"（同意每个信念的"大多数人"不一定都是同一批人）是怎样的。这是一组具备演绎封闭性或内部一致性的信念吗？问题就是，它们既不具备演绎封闭性，也不具备内部一致性。

下面是使用正式的逻辑推理形式对这个问题的表述：

> 一个有限的非空集合 l 中的每个成员 i 的信念都由一个内部一致的、演绎封闭的命题公式集合 S_i 表示。假设集合 $\{t \mid l$ 中的所有成员相信 $t\}$ 是内部一致的、演绎封闭的。那么集合 $\{t \mid l$ 里超过半数成员相信 $t\}$ 是演绎封闭的和内部一致的吗？

不论是使用正式的逻辑推理形式表述这个问题，还是直接使用话语描述这个问题，这个问题看起来都有些抽象。所以我们现在用以下三个说法来举个例子：

A. 大学教育应该是免费的。

B. 每个人都应该有上大学的权利。

C. 我们应该花更多钱在大学教育上。

想一想你同意以上哪些观点。我认为，如果你同意大学教育应该是免费的，以及每个人都应该有机会上大学的话，那么你就会同意我们该花更多的钱在大学教育上。也就是说，陈述 A 与陈述 B 同时成立意味着陈述 C 的成立（除非我们能够容忍大学教育的质量大大下降）。

现在假设我们的民主系统中只有三个人，而我们很可能已经遇到麻烦了。假设这三个人有如下观点：

- 第一个人同意以上三个陈述。
- 第二个人认为大学教育应该是免费的，但我们不应该花更多的钱在大学教育上。（为了达到这个目的，则不是每个人都能上大学。）
- 第三个人认为每个人都有权利上大学，但我们不应该花更多的钱在大学教育上。（为了达到这个目的，大学教育不能是免费的。）

我们现在来看一下大多数人的想法是什么。在这个例子里，"大多数人"意味着至少两个人。

- 有两个人认为大学教育应该是免费的。
- 有两个人认为每个人都应该有机会上大学。
- 有两个人认为我们不应该花更多的钱在大学教育上。

现在我们要试着依据大多人的想法来制定政策了。显然，我们遇到麻烦了——我们需要让大学教育免费，并且对每个人开放，与此同时我们还不能在这方面花更多的钱。大多数人的想法在这个例子里既非内部一致也非演绎封闭。这太糟了！

生活是复杂的

坦白地说，生活是复杂的。在这个语境下，成为一个"完全理性的人"这个想法实际上很荒谬。

一个合理的结论是，理性思考并不足以解决生活扔给我们的所有问题。在生活中，理性因为如下这些原因总会令我们失望：

- 太慢
- 太循规蹈矩
- 太死板
- 太弱小
- 太强大
- 没有起点

这就是为什么不理性（或是"非理性"）和不合逻辑的做法在恰当使用的时候并不是人性的弱点，而是人性的优点。

逻辑太慢

在生活中，我们不总是有时间通过逻辑思考来做决定。在情况紧急、时间有限的情况下，重要的是尽快做出决定，而不是不惜一切代价做出一个准确的决定。如果你已经要被迎面而来的卡车碾平了，那决策做得再对也没有意义。

我们是怎么知道如何扔球和接球的？我们是如何在唱歌时保持音准的？这些事情的背后都有数学，但在实际生活中，在接球或唱歌时，我们没有时间计算球的运行轨道或声带的张力。

决策时间的限定解释了我们为什么有条件反射。我们有天生的条件反射活动，但我们也可以在后天训练一些条件反射行为，比如学习在别人每次说"谢谢"时自动地回答"不客气"，或是学习在仍然迷迷糊糊想睡觉的时候一路走到上课的教室去。

逻辑太循规蹈矩

逻辑思考过程是一步一步由逻辑推理来推进的。这个过程不仅很慢，而且很无趣。你不能一直用婴儿学步的方式探索未知领域。还记得"红绿灯"的游戏吗？这个游戏要求一个人站在前面背对大家，其他的人站在他背后距离他十几米远的位置，赢得游戏的条件是率先到达前面那个人站的位置。但前面那个人可以随时回头，如果他回头的时候看见你在动，你就必须回到起点重新开始。我对于这个游戏的记忆就是我从来没赢过，因为我太小心了。那些赢的人都是大胆地迈大步前进，而不是像我一样迈着很小步子的人。

在实际生活中，大步迈进往往能带来灵感的火花。这些大步迈进往往与逻辑无关。它们在数学和生活中其他需要创造力的领域都有发生。历史上那些卓越的天才往往都是因灵感迸发而在相关领域迈出了一大步，阐述颠覆性思想的人。数学中的灵感迸发并不意味着发现了不符合逻辑的数学——你仍然需要用逻辑证明你认为是正确的那些论点的确是正确的，但灵感的火花通常会启发你先产生"某个论点可能是正确的"这个假设。

就像造桥一样：在河上造一座桥很难，但一旦有人造好了，走过桥到达对岸就是很容易的。当你在努力造桥的时候，会飞是一种很有帮助的能力，因为它能让你先看到对岸有什么。

逻辑太死板

在一个充满随机性的不确定的世界里，逻辑太死板了。逻辑是很严谨的，所以它在很多时候无法处理这种随机性。

就以我们使用的语言为例吧。我们给事物命名，本质上就是随机地建立声音和概念之间的联系。除了拟声法以外，命名往往都是没有逻辑的。也许从语源学上来说，依据词源创造新词还有些逻辑，但这整件事的开端实质上始于这个词源在历史上的某个时间点被动地与某个事物产生了一个随机的联系。我们可以这样做完全是因为我们的大脑有能力建立随机的联系。这与逻辑无关。

逻辑太弱小

另一个逻辑无法帮助我们的情况是当信息太少的时候。逻辑有一个很棒的优点在于，它不需要我们进行想象和猜测。但这件事也有弊端。在现实生活中的大部分时候，我们没有足够多的信息做出完全符合逻辑的决定。总会存在一些无法预测的因素、一些随机的因素、一些我们并未发现的因素、一些我们完全不知道其存在的因素，或是一些我们没有时间和资源去弄清楚的因素。

那么我们该怎么办呢？就不去做这些决定了吗？相反，我们可以做很多事。我们可以考虑概率。比如，当医生告诉我们手术成功率是 99% 的时候，我们通常就会做出"做手术"这个决定。

我们也可以根据直觉下判断：我不喜欢这条阴森森的胡同，我决定走另外一条路。我们还可以猜测，就像买彩票一样。猜测不会用到逻辑，但它让一小部分人变得无比富有。我们当然也可以随机地做决定，赌一把。

做决定是一件毫无争议的复杂之事。你会尝试收集尽可能多的信息，但在某个时间点，你的信息（或时间）总会用完，并且逻辑不可能带你走完剩下的路。它太弱小了。我并不是说在这时你必须做出一个反理性的不合逻辑的决定，而是说在这时你不得不做一个非理性的、并非百分百合理的决定，因为你无法做到更好。也许，就生活而言，如果某样事情完全遵循逻辑规律，那么关于它的决定可能也算不上是一个决定了。

逻辑太强大了

逻辑有时太弱小，有时又太强大了。如果我们过于认真地遵循逻辑行事的话，它那冷酷无情的力量会把我们逼到绝境。比如：

> 一晚上喝半品脱啤酒是可以的。
>
> 如果喝 x 品脱啤酒是可以的话，那么喝 x 品脱加一毫升的

啤酒也是可以的。

　　这样的话，一晚上喝多少品脱的啤酒都是可以的。

　　前两个句子看起来还是很合理的，而最后一句话明显是荒谬的，但这句话在逻辑上产生于前两者。为了做到完全理性（演绎封闭性和内部一致性），我们似乎要么必须相信一晚上喝多少品脱啤酒都可以（这听起来完全不理性），要么必须相信绝对不可以喝酒。

　　问题出在界限设定的微妙之处，或是某种黑白之间的灰色地带的存在。我们的头脑可以以某种方式处理这种不确定性，这是逻辑无法做到的。在这里，逻辑的强大正是它失败的原因。这让我想到了富士悖论。

富士悖论

　　我是以一位日本债券交易员的名字来命名这个悖论的。虽然我认为他在告诉我这个与之相关的故事时并没有发现其中存在悖论。

　　第一次听到这个故事时，我还处在没有意识到数学很简单，而债券交易很难的"蒙昧时代"。那时我在高盛做期货交易，而这个叫富士的日本债券交易员和我们谈起了日本市场的状况。日本的利率在当时已经是全球最低的了，大家都在想它们还会不会降得更低，甚至降到零。而富士的理论是，利率不可降为零，因为那样的话，每个人就都知道它不可能继续降低了。因为负利率是很荒谬的。

　　问题是，日本的利率增减都是以 0.25% 为单位的，所以日本银行只能以 0.25 的倍数来调整利率。所以，我后来想到，如果富士的理论是正确的话，那么利率也不可能降到 0.25%，因为那样的话大家就都知道它不可能降得更低了，因为利率不可能为 0。但这样的话，它也不可能是 0.5%，理由同上。因此，它也不可能是 0.75%，或者 1%……也就是说，它不可能是任何一个百分比，也即日本不可能有利率。

这个结论肯定是错的，无论是当时还是现在，日本都是有利率的。那么究竟是什么地方出错了呢？（事实上，几年以后，日本的利率确实变成了负的，但那又是另外一个令人难以置信的故事了。）

意外绞刑

富士悖论其实是"意外绞刑"悖论的一种体现。

所谓意外绞刑悖论是指，囚犯被告知他会在这周的某一天被处以绞刑，但法官对囚犯说，"只有在执刑当天的早上通知你之后，你才会知道行刑是在哪一天"。所以囚犯想：这样的话，行刑日就不可能是周日了，因为如果我到周六还没被处以绞刑的话，我就会知道行刑一定是在周日，这样一来我就预料到了行刑日期，和法官的话不符。所以最晚的行刑日一定是周六。但行刑日也不可能是周六，因为如果周五我还没被处决，而且周日又被排除了，那我就肯定猜到了行刑日是周六，这样我就再次预料到了行刑日期，所以周六也不可能是行刑日。根据同样的论证方式，行刑日也不可能是周五，或者周四，或者周三，或者周二，或者周一——也就是说，我不会被处以绞刑！

结果周一那天，他就被处以绞刑了，而且他真的没有预料到。

我们完全可以想象出这个囚犯会有多么恼火，恐怕他在被处以绞刑的时候还在想自己的逻辑到底哪里出了错。

逻辑没有起点

我对逻辑的最后一个批驳在于它没有起点。如果我们不能够盲目相信任何事物的话，那么我们就不能得出任何结论。你不可能从零证明任何事情，也不能从零推导出任何事情，你不能不用乐高积木就搭出乐高建筑，就像世界上没有免费的午餐一样。我们已经讨论过了路易斯·卡罗的悖论，它告诉我们，我们至少应该"盲目地"接受肯定前件的推理规则，否则我们就不可能从任何其他事中推断出任何事。但即便是从一件事推出另一件事，我们也需要有一些事作为开始。（话说回来，我已经跟很多人，其中大部分是数学家，发生过很多次相关的争论。这些人都声称他们不相信任何没有经过证明的事。）

在我看来，这是终极理性人这个概念的一个明显而直接的漏洞。但这是否意味着我们应该立即彻底放弃追求理性了呢？

问题的关键在于，理性也有程度高低之分。比如：

- 一个理性人理应相信地球是圆的。
- 一个理性人理应相信 $1 + 1 = 2$。
- 一个理性人理应不相信鬼。
- 一个理性人理应不相信超自然力量。

• 一个理性人理应相信上帝吗？

这些"理应"是从哪里来的呢？它们来自人类社会的发展。相信地球是圆的并非一直是常态。此外，在某些社会里，相信上帝是一种理性的常态，而在另一些社会里，情况则刚好相反。所以，事实上，理性是一个社会学概念。显然，只要你的基本认知属于你所处社会认可的"理性之事"的认知库，你就可以被认为是一个理性之人。如果你的基本认知是"月亮是由软软的绿色奶酪做成的"，以及"倒立着睡对肘关节有好处"，或是"我必须尽可能多地杀人"，那很快就会有人来把你带走。

不过，当我跟其他人（大部分是哲学家）争论时，如果我为之辩护的某样事情最终归结到我相信的某件事情，并且我宣布我相信是因为"我就是相信"，他们就不再有兴趣与我讨论了。但理性人理应理解我的话，不是吗？

就我个人而言，我认为清楚地知道你相信哪些事是一件好事。让我重复一遍：我相信清楚地知道你相信哪些事是一件好事。不管你相信的事情是你培育认知之树的根基，还是你相信上帝。

清楚地知道你的基本假设绝对是数学这个学科的一部分，也是数学之所以很简单的一个原因。每个人都需要非常清晰地说出他们的基本假设。我不觉得没有根据地相信某事是不对的——这些事就相当于你的公理，而其他的一切都来自它们。比如，我相信爱，但我并没有证据证明它的存在。关键在于意识到这是你的公理之一，而非假装你是根据逻辑得出这一结论的。

数学不是生活

所以，我们的结论是：数学是简单的，生活是复杂的，因此数学不是生活。

这并不意味着我们不应该扩大数学的领域，让数学能够解释的事物越多越好，就像终极理性人不存在并不意味着我们不应该通过努力弄清楚我们认知之树的根基是什么，从而变得"越来越理性"一样。数学的追求就是"准确地理解什么是简单的，并努力让越来越多的事情变得简单"。

与此同时，我们也不应该为那些无法被归入数学解释范畴的事情感到遗憾或感到被冒犯。如果没有那些非理性的、不合逻辑的事物存在，人类就没有了语言，没有了交流，没有了诗歌，没有了艺术，也没有了乐趣。

$\sqrt{2}$ 范畴论

9 范畴论是什么？

在商品贸易开始之前，人们并不需要用到太多的数学，连数字本身都不是很有必要，更不用说那些借助数字来做的更加复杂的事情了。比如，如果你不需要考虑欠债问题，那么负数对你来说就没有什么意义。

幼年时期的孩童并不是很需要数字。如果家长有意教他们数数，他们的确能够在一两岁的时候学会数数，但如果家长在教导的时候没有那么积极，我就无法确定他们什么时候能自己学会数数了。很多孩子在五六岁开始上小学的时候能背出"数字诗"，却不会用数字来数东西。在成年人的生活中，我们每个人都很难回避数字，即便我们要面对的只是超市里商品的价格。但对小孩子而言，没有数字照样能生活。

同样，在几千年的时间里，数学并没有发展出范畴论这个分支，却依然发展良好。但现在，在日常的数学研究中，作为数学家的我们已经很难回避范畴论的问题，至少在纯数学这个研究领域的确如此。

"纯数学"和"应用数学"之间的区别多少有点儿像一个伪命题，至少二者之间的灰色地带很灰也很大。但广义上讲，应用数学相比较而言更接近实际生活。应用数学更像给实际生活中的问题，比如太阳运行、水在水管里的流动、交通负载等建模。它可以被看作实际生活问题背后的理论。

纯数学则更为抽象一些：它是应用数学背后的理论。这是一种简化的说法，但目前我们可以先这样理解。

乐高，又一次
纯乐高和应用乐高之间的区别

你喜欢用最基本的那种乐高积木块来搭建大型建筑模型吗？还是你更喜欢购买那些成套的、经过精心设计的部件，依据图纸拼装机械模型、工作机器人、火车以及宇宙飞船？如果你对亲手搭建乐高积木没有兴趣，你仍然可以回答出你认为哪一个更有吸引力——是只用基本的 2 厘米 × 4 厘米的乐高积木块搭建埃菲尔铁塔，还是用精心设计出的积木部件拼装复杂的机器人？用特制的积木拼装某个具体的模型效率更高，并且你拼装好的东西会更接近实物。比如，你可以直接使用轮胎部件来模拟真的车轮，而不是使用基础乐高积木拼装出有棱角的车轮。但是，用最基础的积木块搭建一整栋楼房或者一座城镇的体验会令人无比满足且记忆深刻。完成这项大工程所需要的创造力和原创性本身就令人十分着迷。

纯数学就像只用最基础的乐高积木从零开始搭建一切。应用数学则更像使用特制的积木部件来搭建特定的模型。应用数学与实际生活更接近，但纯数学是数学的核心部分，就像就算你拥有车轮部件，你也不可能不使用"纯粹的"乐高积木搭建技术来搭建一样。

拓扑学是纯数学的一个分支，它研究的是物体的形状，比如曲面。我们在前文中已经讨论了拓扑学是如何研究哪些形状可以在无须将其破坏或粘上其他形状的前提下变形为其他形状的。除此之外，拓扑学也研究破坏形状和粘上其他形状的问题，以及如何用更简单的形状组合成更复杂的形状。实际上，拓扑学和乐高很像。

量子力学就借助拓扑学建立了亚原子粒子的行为模型。此类研究被称为"拓扑量子场论"，处于应用数学和理论物理之间的灰色地带。拓扑学的一个规模更大的应用领域是宇宙学，在该领域，它被用于研究时空的形状。

拓扑学的规模更大的应用领域是生物和工程学领域，其中它被用于研究 DNA（脱氧核糖核酸）的分子结构以及机械臂的位形空间。此类研究将我们带入了生物学与工程学的交叉地带。

纯数学的另一个更"纯粹"的分支是微积分。本质上，微积分研究的是无穷小的事物，或是持续变化而非突然变化的事物。这是纯数学的一个重要领域。作为一个纯理论领域，它关心的是诸如某个量是否是逐渐变化的，它的变化速率是多少这类问题。

这类问题引出的新问题是，如何解出既包含量也包含它们的变化率的方程。比如，如果我们观察到一个物体在运动，那么我们也许就能知道施加在它之上的力的大小、它运动的速度，以及它所处的位置。这样的方程叫作微分方程，它更接近于应用数学而非纯数学。它与诸如重力作用、放射衰变和流体动力学等学科相关。

当微分方程被应用在具体的实际生活场景中时，我们实际上就已经离开了应用数学的领域，进入了工程学、医学甚至金融学领域。微分方程是数学中应用范围最广的领域之一，因为实际生活中的所有事物几乎都在以某种速率波动变化着。

乐高乐高
用物体自身来搭建物体

你有没有试过用乐高积木来搭建乐高？这里的乐高积木就相当于一种元乐高积木。你没有搭建一辆乐高火车、乐高汽车或是一座乐高房子，而是搭建了一个"乐高乐高"。我见过用乐高积木搭建的蛋糕的照片——一个乐高蛋糕，我也见过用小蛋糕搭建的大型乐高积木块——一个蛋糕乐高。基于前两者的存在，用小蛋糕搭建的大型乐高积木块搭建的蛋糕——蛋糕乐高蛋糕，就一定存在。

范畴论是数学的数学，是一种"元数学"，就像搭建乐高乐高的乐高。数学之于世界就像范畴论之于数学。这意味着范畴论与逻辑密切相关。逻辑研究的是把数学概念结合起来的推理，而范畴学研究的是支撑数学这门科学的基础框架。

在上一章的结尾，我曾提到数学是"准确地理解什么是简单的，并努力让越来越多的事情变得简单"的过程。基于此定义，范畴论就是：

> 准确地理解数学的哪些部分是简单的，并努力让数学越来越多的部分变得简单的过程。

为了理解这个定义，我们先要弄清楚在数学的语境里"简单"这个词的含义。这是这个问题的核心，也是我们在本书的第二部分要探讨的问题。在本书第一部分，我们讨论了数学如何将具体事物抽象化，以此研究事物背后的原理和隐藏的运行过程，以及如何将这些原理和过程进行公理化和推广。

接下来我们将会发现，范畴论做的是同样的事情，只不过它完全作用于数学领域之内。它对数学进行抽象化，依次研究数学背后的原理和运行过程，并试图将这些原理和过程进行公理化和推广。

你可以说数学是一种归类的原则。范畴论也是一种归类的原则，一种适用于数学世界内部的原则。它的目的是给数学归类。就像你只有在藏书足够多的时候才需要借助图书分类法对你的藏书进行分类整理一样，数学原本并不需要这种归类原则，直到 20 世纪中叶，范畴论才逐渐兴起。事物的系统化往往是一个耗费时间、十分复杂的过程，但系统化的必要性就在于它能帮助你更清晰地思考。

范畴论研究的是数学中的"范畴"这个概念。虽然这是一个从日常生活中取用的词，但它在数学中有一个与通常意义不同的、十分精确的含义。此类被称作范畴的数学事物最早是由塞缪尔·艾伦伯格和桑德斯·麦克兰恩于 20 世纪 40 年代提出的。他们当时正在研究代数拓扑学，这一数学分支的具体内容是将形状和曲面转变为代数表达式，以便进行更严谨的研究。最初，他们的研究涉及将所有这些形状与群联系起来，此处的群就是我们在本书第一部分讨论公理化时提到的概念。他们意识到，为了清晰地研究这个问题，他们需要一种更强大的、表述更清晰的代数学，它应该和群这个概念类似，但又更为精细。而与此同时，数学科学体系的规模业已十分庞大，是时候开发出属于它自己的分类系统了。由此，范畴论诞生了。

此后，更加美妙的事情发生了。就像数学起源于对数字的研究，但人们很快意识到同样的技术也可以应用于其他事物一样，范畴论起源于对拓扑学的研究，但数学家很快意识到，同样的技术也适用于数学的其他众多领域。范畴论的影响力很快发展至远远超出其"亲生父母"的想象。

10 情境

 意式千层面

> **原料**
>> 波隆那肉酱
>> 千层面面皮
>> 意式白酱
>> 磨碎的帕玛森奶酪
>
> **方法**
> 1. 在浅烤盘上抹一层波隆那肉酱。在肉酱上铺一层千层面面皮，然后再抹一层意式白酱。
> 2. 将步骤 1 重复两遍，确保最后的步骤是抹一层意式白酱。
> 3. 在最上面撒一层磨碎的帕玛森奶酪，将烤箱温度设定为 180℃，烤制 45 分钟，或直到它看起来已经十分美味即可。

  当你看到这个食谱的时候，你也许会觉得"意式千层面，这个太简单了"，或者，你也可能觉得"意式白酱？这要怎么做啊？"这个食谱非常简单，原因在于它假设你已经知道怎么做波隆那肉酱、意式白酱和千层面面皮了。如果这是一个从零开始教你做意式千层面的食谱的话，它就一点儿也不简单了——它会包含一张很长的原料表和很多的步骤。

针对不同水平的烹饪者，食谱可能会很不相同。有些食谱面向经验丰富的专业厨师，另一些面向严肃的业余烹饪爱好者，还有一些食谱则是给还在学习基本技巧的初学者准备的。范畴论强调我们思考问题的情境，而不只是事物本身。情境包括我们现在在对哪些细节感兴趣，我们的基本假设是什么，以及哪些元素还需要进一步拆分。就像上面那个意式千层面的食谱一样，其中意式白酱被视为一种"基本"原料。在某些情境中，数字 5 被视为一个基本元素，而在另外一些情境里，它就不再是基本元素了。在自然数（1、2、3、4、5、6……）的情境里，数字 5 有一些特别的性质：它只能被 1 和 5 整除，也就是说，它是一个质数。但在有理数（分数）的情境里，它可以被很多数除。比如，5 除以 10 等于 1/2，5 除以 2 等于 2 又 2/1。数字的性质取决于我们放置它们的情境。

兄弟姐妹
将人置于家庭情境中

最近，我在聚会上遇到一个人，在我们聊了一会儿之后，他对我说："你有没有哥哥或者弟弟？我猜你肯定有。"我回答说我没有，然后问他为什么觉得我一定有哥哥或者弟弟。他答道："因为你不害怕跟又高又帅的男生讲话。"

而在另一个聚会上，有另一个人曾跟我说："你这么自信，我猜你肯定是独生子女。"他也猜错了。但他的话让我想起了《007：大战皇家赌场》中我最喜欢的一个场景，其中詹姆斯·邦德第一次遇到薇斯帕·林德，两人在火车上唇枪舌剑时，邦德冷酷地断定林德一定是一个孤儿，而林德也同样冷酷地揣度邦德："既然你的第一个联想是孤儿，那我猜你自己肯定是孤儿。"

因此，我猜测那个觉得我是独生子女的人自己就是独生子女。于是，在那场聚会上，我把自己想象成薇斯帕·林德，然后将我的猜测告诉了他。事实证明，我猜对了。

在我们刚认识一个人时，想了解他们的家庭、童年、家乡是一件很自然的事。有些人觉得这些问题很无趣，没有意义，或者认为这类问题冒犯了自己，因为他们认为这些基本事实并不能给别人留下关于他们现在是一个怎样的人的准确印象。

但实际上，这些提问和回答都发生在人与人初次交流这个情境中，而非孤立地发生。人之所以为人而区别于动物的一个关键就是我们与同类互动的方式。一部名人传记如果不包含传主的家庭、朋友以及人际关系方面的描述就会显得十分无趣。在一个不涉及其他人的情境中孤立地研究一个人的性格几乎是不可能的。

同样地，范畴论也强调作为研究对象的事物所处的具体情境，而非只研究事物本身的特性。

这就像我们为数字 30 的因数所绘制的"格子图"一样，用一张图表示因数间的相互关系比仅仅把所有的因数列出来有趣多了。

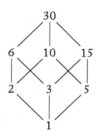

这是一种把因数置于具体情境的方法。在下一章，我们会具体讨论为什么研究事物之间的关系是一种把事物置于具体情境的好方法。

> 如果你还记得最大公因数和最小公倍数这两个概念的话，你也许会注意到在上面这张图中，某个数字与同一行的其他数字以及上下行和它相连的数字之间的关系存在着一些规律。

数学家
将人置于职业情境中

有一次，在一个聚会中，我决定做一个实验：我拒绝告诉任何人我的职业是什么。因为告诉别人你是一个数学家会引发各种奇怪的回应。有些人会害怕，然后很快抽身离开；另一些人则会立即试图证明他们自己是多么"聪明"；还有一些人则试图藐视我。曾经有一个人的回应是："那你之后准备做什么呢？"而我当然回答说，我想一辈子做数学家。

这场荒唐的对话是这样的：

他：哦，你不会找到工作的。

我：其实我已经有工作了。

他：我是说，你不会找到一个永久性的工作的。

我：但我其实已经有一个永久性的工作了。

他：是吗，在中小学里教数学之类的？

我：在大学做老师。

另一个人在发现我是数学家之后则开始质疑我的可信性。我们的对话是这样的：

他：你是说，你在银行工作？

我：不是，我在大学工作。

他：只是教课吗？

我：教课和做研究。

他：你有博士学位吗？

我：有。

他：你在哪里拿的博士学位？

我：剑桥大学。

他：哦，英国的博士学位很好拿，它们并不算什么。

我只好再次把自己想象成薇斯帕·林德，然后揣度这个人肯定是一个失败的数学家。结果我又一次猜对了——他没能成功地在法国拿到数学的博士学位，转而去银行工作了。而第一个人则是一位小学数学老师。

还有一次，与我对话的那个人脱口而出："你是说，你的工作就像《给数学家的范畴论》（*Categories for the Working Mathematician*）这本书写的那样吗？"事实上，当时我刚开始研究范畴论，并且非常想拥有这本十分重要的书，它是范畴论的创建者之一桑德斯·麦克兰恩写的。但这本书在当时已经绝版了，到处都找不到，而这个人碰巧有一本。他在几年前还是学生的时候买过一本，但后来他不再研究数学了，于是他很快就答应把这本书寄给我。

不得不说，有时候把自己放在职业情境中还是有好处的。

有时，一个数学对象可能有好几种功能，而其中一种功能相较于其他功能，能够为我们提供一个更容易理解这个数学对象的情境。就像一个人可能有两份工作，而其中的一份工作比另一份更能说明他的性格特质一样。比如某个人可能既是业务经理，也是莎莎舞老师。

这里有一个数学的例子。数字 1 的"功能"可以是充当乘法的单位元。也就是说，1 乘以任何一个其他数字都不会改变那个数字。然而，这一关于 1 的功能并不能告知我们任何关于这个应用情境的信息，因为不管什么数字乘以 1 都会得到这个结果。

数字 1 还有另一个"功能"，就是如果你不断地给 1 加上 1，你就会得到所有的自然数：1、2、3、4、5……用

数学的语言来说，就是 1 生成了自然数。这个关于 1 的
功能就与自然数情境密切相关。

网络约会

通过将人置于不同的情境来认识人

在你建立了一段新的情侣关系之后，去见对方的朋友总是被视
为一件大事（除非你早就认识对方的朋友了）。随着网络约会的迅
速发展，这件事变成了一个更严肃的问题。在网上结识新的人就像
完全脱离实际情境地会面，这与通过共同的朋友、同样的兴趣或是
共同的经历来认识一个人完全不同。它和你在工作场合交朋友这种
情况有些类似，因为总会有某个时刻是你第一次见到对方与他的生
活朋友而非工作同事在一起。

人们在不同的情境下可能会表现得非常不同。在工作和非工作
场合表现不同是很正常的，哪怕只是在工作时更有所保留，而在非
工作时更放松自在。在我工作的大部分时间里，我都会相对有意地
隐藏自己的个性，避免自己因为身为一个在男性主导领域的女性这
件事引来太多的注意。我会尽量表现得去女性化，因为我的女性身
份可能会被认为是阻碍我成为一个出色的数学家的不利因素。

但人们和不同的朋友在一起时，表现也可能会有所不同。你和
有些人成为朋友可能是因为你们长期生活在一起——你和他们一起
长大，那段共同的经历把你们联系在一起，即使表面上看你们已经
没有太多的共通之处了。毕竟人们最终都会有各自不同的生活。

　　你和有些人成为朋友可能是因为你们距离很近——他们碰巧经常出现在你的日常生活中。也许你每天上班都会见到他们，也许他们是你的邻居，也许你每周都会在健身房、莎莎舞课或是读书会遇到他们，也许他们的孩子和你的孩子是朋友，也许你跟他们每天搭同一辆公交车上班。比如我，我就在我每天搭乘的火车上交到了几个朋友。

　　而你和另一些人成为朋友则可能是因为彼此的吸引力。你跟他们有共通之处——不是那些一目了然的地方，而是那些潜藏在内心深处的东西。我和世界范围内的许多范畴论数学家建立了深厚的友谊，虽然我和他们中的大部分人从未在同一个城市、国家，甚至同一个半球生活过。

　　无论如何，我想说的是，当你与这些不同类型的朋友在一起时，你可能会表现得不同。你们也许会讨论不同的事情，以不同的方式讨论，与他们在不同类型的地点见面。那么，哪一个才是"真正"的你呢？是你在家庭中表现出来的样子吗？我们中的很多人与家人在一起时就像重新变成了青少年，我们扮演着青少年时期就在扮演的角色，并且反复遭遇这个时期所遭遇的挫败。有时，我们不得不承认我们很难脱离这些角色。

　　那么，"真正"的你是你与"彼此吸引"的朋友在一起时所表现出来的样子吗？这个问题就好像在问，当你喝醉了酒，说了一些你在清醒时不会说的话的时候，你到底是更接近还是更远离你最真实的样子？你说的这些话是更贴合你的本心，还是只不过是在发泄情绪？

　　范畴论无意回答哪一个才是"更真实"的你这个问题。我们会在整数和分数的情境中研究数字 5，但我们并不会评判哪一个才是真正的数字 5。

- 在自然数（1、2、3、4……）的情境里，5 是一个质数，也就是说，它只能被 1 和它本身整除（而且它本身不等于 1）。它没有加法逆元或者乘法逆元。

- 在整数（……–3、–2、–1、0、1、2、3……）的情境里，5 有加法逆元，就是 –5。也就是说，如果你把 5 和 –5 相加，你就会得到加法单位元 0。但 5 没有乘法逆元。

- 在有理数（分数）的情境里，5 有乘法逆元，也就是 1/5。也就是说，如果你把 5 和 1/5 相乘，你就会得到乘法单位元 1。在这个情境中，5 不再是质数了，因为它能被很多数字整除。比如，5 能被 1/2 整除。

- 在一个一圈有 6 小时的钟的算数情境（模 6 运算）里，5 实际上是这个记数系统的生成元（generator）。如果你重复地给 5 加上 5，你就会得到这个系统中的每一个数字。你可以亲自试一试。要记得这个系统中只有 0、1、2、3、4、5 这几个数字，每次你得到 6，就要把它视为 0。所以 5 + 5 = 10，其实也就是 4。4 + 5 = 9，也就是 3。如果你继续这样加下去的话，在这之后你就会得到 2，然后是 1，再然后是 0，这就说明 5 确实生成了这个记数系统的所有数字。与之相对，5 显然不能生成所有的自然数，因为如果你一直重复加 5 这个步骤的话，你就会得到 5、10、15……，即你只会得到 5 的倍数。

因此我们看到，数字 5 在不同的情境下有不同的特性。范畴论强调的是，在讨论一个问题时，你需要注意这个问题所处的情境，这一点非常重要。在下一章我们会看到，范畴论凸显情境的方式是强调事物之间的关系而非只是描述它们各自的固有特性。这是因为，就像我们刚刚看到的，即便是对于简单如 5 这样的数字，它的"固有特性"也没有那么的固有。

你也许会好奇，还有哪些其他数字可以作为"6 个小时的钟"这一记数系统的生成元。1 当然是可以的。但如果我们试着给 2 不断地加 2，我们只会得到 2、4、0、2、4、0……，所以我们无法得到这个系统中的奇数。

对于 3，我们会得到：

3、0、3、0、3、0……

对于 4，我们会得到：

4、2、0、4、2、0……

所以 3 和 4 也不能充当这个系统的生成元。因此，是否可以作为生成元是一个比较特殊的特性。

阿森纳足球俱乐部
在不同的情境下，事物会呈现完全不同的样貌

在脱离具体的情境时，人们看起来往往会和你想象的大不相同。比如，指挥家通常比我想象的要矮很多，因为你只见过他们站

在一个有一定高度的指挥台上，以一种绝对权威的姿态指挥乐队的演出。而学生们通常比我想象的高很多，因为在我与他们接触的时候，他们一般在教室里坐着，只有我自己站在讲台上，并且我是权威的一方。

有一次，我在伦敦的一间酒吧里看到阿森纳足球俱乐部的成员走了进来——整个足球队的成员和全部的随行人员。我正在那里做一些数学研究，没错，我的确会时不时地在酒吧里研究数学，因为我喜欢跟人群待在一起，尤其喜欢跟开心的人群待在一起。

总之，我坐在酒吧里，正在用笔在我的黑色笔记本上写下我的每个想法，而就在此时，一大群穿着足球服的人走了进来。我本人对足球并不了解，也没有认出他们的球衣，只是看着这些身材颀长、略显笨拙的年轻人（其中大部分看起来像是来自地中海），以及一些跟随他们左右、明显是负责照看他们的年长者走了进来。那些年轻人直接乘电梯去了楼上的酒店，而那些年长者则来到酒吧。当时我想的是："他们肯定是一些来英国访问的欧洲青年足球队队员。他们能住在这么漂亮高档的酒店里真是挺幸运的！"

我并没有想太多，而是继续做我的数学研究。直到他们中的一个人来到酒吧，跟我搭讪。

"你在研究化学吗？"他问道，同时盯着我的笔记本看。我解释说我是一个数学家。然后我意识到，他现在站得离我很近，因而我终于看清了他球衣上的字：阿森纳。

但我仍然没有意识到他真的是阿森纳的球员……你也许会觉得我太蠢了，一个阿森纳球员已经站在我面前了而我还是没能认出来。但是……人们也常常会穿写着"大卫·贝克汉姆"的球衣走来走去，而这并不意味着他们都是大卫·贝克汉姆啊！总之，我对他说出了我至今难忘的一句经典台词："呃，那么你是某支……足球队的吗？"

"是的，它叫作阿森纳。"这个人十分友善地回答道。然后他又补充了一句："它是一支英超球队。"

我一下子回想起刚刚那些瘦高的、穿着便装的、听话地乘电梯前往各自酒店房间的年轻人。他们都是百万富翁，而且每一个都是国际明星！要知道，他们刚刚完全不在他们通常所处的情境之中。

数学里也存在着一些类似的概念，它们在某些情境中平淡无奇，而在另外一些情境中则非常激动人心。一个典型的例子是莫比乌斯环，它可以被视为一条两端被粘起来的纸带，只不过这张纸带不是被直接粘成一个普通的圆柱体：

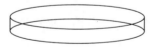

而是将其中的一端翻面然后再粘起来：

这是一个非常激动人心的曲面，因为它只有一个面。你可以试着做一个这样的纸环，然后给其中一个面涂色。你会发现你可以一直涂下去，哪怕纸带本身已经翻了一面也不会造成阻碍，并且最终你会回到起点。此时，你看起来好像是涂满了"两个面"，但实际上你的笔自始至终都没有离开过纸面。这是一个特别令人激动的数学对象。更棒的是，你可以把一个甜甜圈做成莫比乌斯环的形状，然后试着在上面涂奶油芝士。你会发现，虽然你所做的只是在面包的一面涂奶油，但你最后会把"两个面"都涂满，因为它其实只有一个面。

然而，从拓扑学（或者橡皮泥）的角度来看，莫比乌斯环就没有那么有趣了，因为它和一个圆圈是"一样的"：如果你有一个橡皮泥做的普通的圆圈（环形），你就可以通过挤压、揉捏的方式把它变成一个莫比乌斯环，而并不需要把它弄破或是粘上一块新的橡皮泥。你需要一点点地把这块橡皮泥弄平，并且要一边弄平一边扭转它。（这可能不太容易想象，所以你可以试着亲自动手做一做；如果你手头没有橡皮泥的话，你可以试着将差不多等量的水和面粉混合起来做成面团来代替橡皮泥。）所以，对于拓扑学而言，莫比乌斯环是一个有趣的工具，但它本身并不是一个激动人心的概念。

严格来说，这种差别的存在源于我们在不同情境中会用不同的方式来描述"相同"这个概念。在拓扑学里，"相同"指的是在不破坏、不添加橡皮泥的前提下完成变形，这种相同也被称为"同伦等价"（homotopy equivalence）。所以，用数学术语来说，莫比乌斯环和圆圈是同伦等价的。这个结论很有用，但可能并不能让人满意，因为莫比乌斯环比单纯的圆圈有趣多了。

我们可以用一种更复杂的数学结构来描述这个问题，这种数学结构叫作"向量丛"（vector bundle）。在本书的前面，我们曾经想象过一支可以在空中任意画画的魔法笔。试着想象一下，现在，有人发明了一种笔画更粗的魔法笔，它的笔尖本身就是一条线段而不再是一个点。然后想象你用这样一支笔在空中画画，那么你将可以在空中画出曲面。是不是很棒？就像在空中挥舞一把光剑，只不过它还可以留下痕迹。

现在，想象一下用这把光剑在空中画一个圆，你画出的曲面就是"圆上的向量丛"。它指的是，对于圆上的每个点，你现在都有了一个附着于其上的向量，也就是光剑在画过那个点时覆盖在那个点上的一条线段。

关键在于，当你在空中画圆的时候，你是可以随意转动光剑的。你可以用跑一圈的方式来画这个圆。只需要在开头和结尾让你的光剑垂直于地面，你所画的这个圆圈的头和尾就可以连接起来。如果你的光剑自始至终垂直于地面，且剑头向上，那么你在跑完一圈之后就会画出一个圆柱体。但如果你在最开始的时候让光剑的剑头向上，但是在跑圈的过程中渐渐把剑头放低，直到结尾时让剑头指向地面（剑的重心高度始终保持不变），最终将头和尾衔接起来。① 这样一来，你就画出了一个莫比乌斯环，虽然你仍然是用跑一圈的方式画出来的。这个问题的拓扑学理解是，在两种情况下，你都只是跑了一个圈，因此拓扑学不能分辨这两次光剑画圆的区别。但是向量丛结构捕捉到了在跑圈过程中你的手臂的转动，因此它可以分辨这两次光剑画圆的区别。

---

① 为了保持光剑的重心始终保持高度不变，也许我们应该用达斯·摩尔的双头剑，这样我们的手就可以握在正中间的位置了。

猜数字

这里有一个简单的例子，用来解释如何通过观察某事物和其他事物的关系来了解它。

我在想一个数字。如果我给它加上 2，则结果就等于 8。我想的是什么数字？

这个问题并不是很难，你可以很快计算出答案是 6（我最喜欢的数字）。我们再试试下面这个问题：

我在想一个数字：

1. 它是一个正数。

2. 如果减去 8，则结果是负的。

3. 如果除以 3，则结果是一个整数。

4. 如果它和它自己相加，则结果是一个两位数。

我想的是什么数字？

是的，答案还是 6。我显然并不是一个很有创意的人。不过，我想强调的论点还是那个：你可以通过了解某事物和其他事物的关系来了解这个事物。这个关于我最喜欢的数字的例子也许看起来很傻，但我只是想用这两种不同的描述来证明我的论点。（是的，这个例子的确可能是那种会让他人认为数学没有用的例子。但有些例子存在的目的并不是"有用",而是"说明问题"。)

我举这个例子的目的在于再次说明范畴论重视事物间的关系胜于事物本身的固有特性。

一个简单的例子是数轴这个概念。数字 1、2、3⋯⋯的关键特性不是它们叫什么名字,而是它们是按什么顺序出现的。无论它们叫什么名字,只要这些名字(或符号)总是按同样的顺序出现,它们就是同一类事物。因此,把它们写成一排就是合理的:

⋯⋯ −4　−3　−2　−1　0　1　2　3　4 ⋯⋯

借助这种方式,我们就凸显了它们之间的关系,并且将它们固定在了一个专属于它们的位置上。我们可以用很多不同的方法来推广这个情形。如果我们允许数轴显示所有的实数(包括有理数和无理数),我们就可以填满 1、2、3⋯⋯之间的空白,并且数轴会"永远"向左右两个方向延伸下去。我们不能把它们真的都画出来,但我们可以想象一下:

现在让我们回想一下我在第六章介绍过的虚数,以 i 代表 $\sqrt{-1}$,其他的虚数都是 i 的倍数,如 $2i$、$3i$、$4i$,以此类推。这些数字也可以画在一个数轴上。事实上,我们可以想象数字 ai,其中 a 为任意实数,所以我们也可以填满这条数轴上的所有空白。但注意,不要把这条数轴和实数数轴搞混了,因为它们完全不同。我们通常会垂直而非水平地画这条虚数数轴:

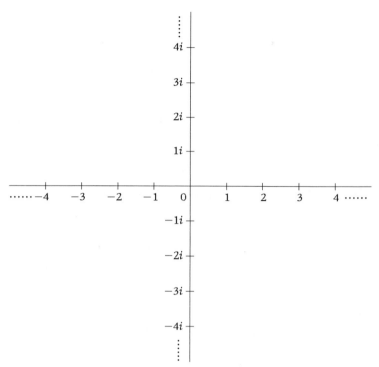

你也许会很自然地想，那么这两条数轴所分割的空白空间是什么？为了找寻答案，我们可以换一个问题来问：我们可以依据群的公理对虚数进行加法和乘法运算吗？加法是没问题的，因为我们会得到诸如 $2i + 3i = 5i$ 之类的答案。因为关于 i 的加法就像关于苹果、猴子或其他东西的加法一样：2 个加 3 个等于 5 个。

那么如果我们尝试做乘法呢？我们已经知道了，$i \times i = -1$，而 -1 不是虚数。所以根据群的公理，我们就遇到了麻烦。那么 $2i \times 2i$ 呢？如果我们假设一般的乘法法则对于虚数运算成立的话，我们就可以说：

$$2i \times 2i = 2 \times i \times 2 \times i$$
$$= 2 \times 2 \times i \times i$$
$$= 4 \times (-1)$$
$$= -4$$

类似于 $2i \times 2i$ 的虚数运算也可以得出类似的解。我们可以抽象地描述这个问题：假设 a 和 b 为任意实数，则：

$$ai \times ai = -ab$$

在任何情况下，一个虚数乘以一个虚数，其结果总是一个实数。这有点儿像负数乘以负数总为正数，而负数乘以正数总为负数这个规律。在这里，我们也得出了一个虚数乘以一个实数总为虚数。我们可以用如下的表格进行总结：

×	正数	负数
正数	正数	负数
负数	负数	正数

×	实数	虚数
实数	实数	虚数
虚数	虚数	实数

现在我们又遇到了一个麻烦，也可以说是一个有趣的问题。因为如果我们希望既能对虚数做加法，又能对虚数做乘法，我们就需要把实数和虚数混合在一起。比如，如果我们想计算下面这个等式：

$$2i \times 2i + 2i = ?$$

我们知道 $2i \times 2i = -4$，那么 $2i \times 2i + 2i$ 应该等于 $-4 + 2i$。但这个数到底是多少呢？为此，我们发明了一个新的概念——复数，所谓复数就是指将实数和虚数相加得到的数。也正是这些数填满了实数数轴和虚数数轴中间的空白：

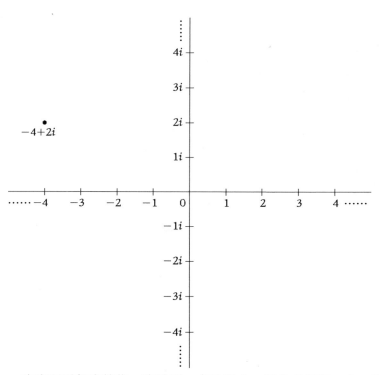

这张图看起来就像一张地图，在地图上，每个点都有一个 x 坐标和一个 y 坐标，而在这张图中，每个点都有一个"实"坐标和一个"虚"坐标。因此坐标为 (x, y) 的点就是复数 $x + yi$。这听起来可能有些抽象——它们到底是什么？但不管它们到底"是"什么，我们都可以用它们进行适用于实数的加法和乘法运算；除此以外，我们现在还可以解出所有的二次方程，即便这些方程式本身只包含实数。比如我们已经见过的这个方程：

$$x^2 + 1 = 0$$

这个方程之前是无解的，而现在它有解了。事实上，它有两个解：i 和 $-i$，因为根据一般的负数相乘法则，$-i \times -i = i \times i = -1$。所以就像其他的数字（除了 0）一样，-1 也有两个平方根：i 和 $-i$。

现在，我们的每个二次方程都有解了。比如下面这个看起来十分"无害"的方程：

$$x^2 - 2x + 2 = 0$$

这个方程就无法在实数的范畴内求解。但在复数的范畴内，我们可以得到两个解：$1 + i$ 和 $1 - i$。

你可以把解代入方程看看它们是否正确，只要注意在进行复数相乘时保持头脑冷静即可。记得慢慢地把括号打开再做乘法。我们可以先代入 $x = 1 + i$：

$$(1+i)^2 - 2(1+i) + 2 = 1(1+i) + i(1+i) - 2 - 2i + 2$$
$$= 1 + i + i + (-1) - 2 - 2i + 2$$
$$= 0$$

因为所有的 i 都相互抵消了，而且所有的实数也都相互抵消了，所以代入之后方程式的左边等于 0。你也可以自己试试代入 $x = 1 - i$。

复数是一个很抽象的概念，你可能觉得它很难理解。实际上，它们之所以存在，只是因为我们把它们想象出来了。但在某种意义上，这与一个完美的圆或者一条直线并没有区别——这些事物都只存在于我们的头脑中，而并不真正存在于实际生活中。我们说过，在数学里，只要你能将某个事物想象出来并且其中不存在矛盾，那

么该事物就可以存在。把复数和实数一起放在这个坐标系中，我们就得到了一个能够更好地理解这两个概念的有效情境。这个情境赋予了我们一种研究它们的方法，即通过理解它们的相互关系以及理解它们与实际存在的事物（二维图案）之间的关系为这些抽象的概念赋予意义。我们接下来会看到，范畴论也可以将事物之间的关系变成我们可以在纸上画出来的图案。

我们将会看到，范畴论是通过筛选出事物之间我们真正感兴趣的那些关系并强调这些关系来实现其研究目的。我们还会进一步推广关系这个概念，将那些第一眼看上去并不像关系的事物也纳入进来，这样一来，我们就可以用同样的思考模式来研究越来越多的问题。这就是下一章的主题。

11 关系

 粥

> **原料**
> 　　1 杯燕麦
> 　　2 杯水
> 　　适量的盐
> **方法**
> 　　**1.** 把所有原料放入锅内，大火煮沸。
> 　　**2.** 调至小火，持续搅拌，直到你觉得煮好了。

　　你对这个食谱的第一反应也许是："一杯水？多大一杯？"用杯子作为度量标准的食谱似乎已经过时了，但其实这是一种很聪明的描述方法，因为只要所有的原料都用杯子度量，那么杯子有多大就无关紧要了——你只需要用同一个杯子量每一种原料即可。

　　这类食谱强调原料用量之间的关系，而不是它们各自的绝对用量。这正是范畴论关注的问题。比起只研究事物及其固有特性，范畴论更强调事物与其他事物的关系，并以此作为将事物置于具体情境中的主要方法。

性别平等

当相等不是相等时

　　在一般人眼中，数学可能无非就是数字和方程。而到目前为止，我已经描述了好几种非数字的数学对象，现在我们该聊聊既非数字也非代数方程的数学对象了。比如，一个含有圆形的方程到底是什么？一个含有曲面或球面的方程又是什么？

　　事物之间最简单明了的一种关系是相等。然而，数学中的相等是一个比我们在日常生活中使用的"相等"更为严格的概念。当我们讨论日常生活中的"相等"时，我们通常讨论的是仅从某些角度出发的相等。如果你认为男人和女人是相等的话，我猜你说的恐怕并不是二者完全一样，而也许是二者对社会的贡献相当，因而应该得到相同的对待。我们大体上可以理解这种生活用语中的相等，但偶尔也需要额外的解释。毕竟，到目前为止，关于"相等"到底意味着什么的社会争论仍然屡见不鲜。然而在数学里，我们绝对不可能接受这种模糊的说法。我们理应只用严密的逻辑进行推理，而不能引入对事物的主观解读。根据严格的逻辑规则，只有当两个事物是完完全全相同的时候，我们才能说它们是相等的。在数学里，除了我自己以外，没有什么东西和我相等。

　　你可能会认为这正是数学的死板之处。也许你说的没错。有时，对于消除歧义和模糊性的追求会引起人们的恼怒，因为它让某些原本有意义的事物在很大程度上丧失了其本来的意义。你很可能会因此感到挫败并决定放弃继续探索下去。事实上，也许你的确这么做了，而这就是你无法成为数学家的原因（如果你确实不是的话）。但数学家们没有在这一步放弃。他们会说，好的，这只是第一步。我们慢慢来。伴随着我们踏出的每一步，我们将越来越接近你真正想表达的意思，以及其他与之相关的同样可以消除歧义的概念。

在范畴论里，消除歧义意味着研究一些宏观的结构类型，其中相等只是一个特例。这样一来，除了约束性极强的"相等"关系，我们就可以界定其他形式的关系了。我们已经在某些情境中看到一些差不多"相同"的事物的例子了。比如，一对相似三角形并不是两个完全相同的三角形，但它们非常像。此外我们还说过，在拓扑学中，甜甜圈和咖啡杯也是"相同"的。那么等边三角形不同形式的对称之间的关系，以及排列数字 1、2、3 的不同方法之间的关系又是怎样的呢？在后面的一章中，我们将专门讨论关于"相同"的不同理解，但现在我们先来讨论一下总的关系，无论这种关系是相同还是不同。范畴论的一个终极目的就是阐明关于相同的那些有趣的概念，但它是从研究总的关系开始的。

> 范畴论所研究的关系实际上被称为"态射"（morphism），之所以创造出这样一个与众不同的用词，是因为它并不完全等同于一般意义上的关系。比如：
> - 一个两行三列的矩阵可以被认为是从 2 到 3 的态射，但把它看作数字 2 和 3 之间的关系就有点儿牵强了。
> - 我们会看到，从一个物体到它本身可以有很多不同

的态射，但我们很难想象一个物体和它自己可以有很多种不同的关系。

有时，我们会以日常生活用词来命名数学概念，因为这符合我们的直觉，但有时我们也会创造一些特殊的名称，目的是避免数学研究被我们的直觉影响或限制。

这里是一些取自日常生活并被数学家赋予数学含义的概念名称：根、质数、有理数、实、虚、复、偏、自然、加权、滤、范畴、环、群、域。

这里则是一些并非来自日常生活，或是完全由数学家发明出来的概念名称：对数、方根、态射、函子、幺半群、张量、G- 旋子（torsor）、运算数（operad）。

下面是一些范畴论会研究的关系：

- 数字谁大谁小。
- 数字之间是否能相除。
- 某些空间是否可以像一块橡皮泥那样直接变形为其他空间。
- 从一个集合到另一个集合的映射。映射是一个过程，在这个过程中，它以某个集合中的元素作为输入值生成结果，而其输出值属于另一个集合。注意，两个集合之间可能存在许多不同的映射，且该映射生成的输出值也可能有所不同。这就是为什么我们不仅要思考事物是否相关，还要思考它们以何种方式相关。

- 一个关于群之间的关系的好的定义是：一个可以通过群内元素互相结合的方式让群与群有机交互的映射。我们之后还会讨论这一点。

埃尔德什数
用一个特别的人来丈量所有的关系

　　关于人的"六度分隔"理论讲的是世界上任意两个人需要经过几个中间人才能建立起关系。比如，假设所有我认识的人都距离我一步之遥，那么他们认识的人就距离我两步之遥（除非我已经认识这些人了）。该理论认为，最多只需要 5 个中间人，你就能让世界上的任何两个人建立起联系。

　　一个有趣的衍生理论是将"认识的人"换成一篇论文的"共同作者"。这样一来，如果我和另外一个作者一起发表了一篇论文，在数学领域，我们二人的距离就是一步之遥。你可以根据已发表的论文将这些关系以点线图来表示，然后看看要连接起全世界所有的数学家究竟需要几个中间人。

　　保罗·埃尔德什是 20 世纪一位特立独行的匈牙利数学家。即便是在数学家这个群体中，他也算是一个乖僻的人——他的财产很少，他总是带着一只装着他全部财产的手提箱四处漂泊，用咖啡和苯丙胺来支撑他的数学研究。

　　他同时也是一位高产的合作研究者，事实上可能是数学历史上最高产的一位：他一生中曾与 511 位合作者合著过论文或专著。（作为对比，我目前只与 6 位合作者发表过论文。）

于是，他的朋友们想出了一个主意：将世界上所有的数学家通过中间人与埃尔德什联系起来。因此，他所有的论文共同作者就都距离他一步之遥，这些共同作者的共同作者则距离他两步之遥（排除前者已经与他共同发表过论文的情况），以此类推。他的朋友们愉快地决定，某位数学家与埃尔德什之间的距离（以中间人的人数来表示）就以"埃尔德什数"为名。所以，他的 511 位共同作者的埃尔德什数就是 1，而有大约 7000 个数学家的埃尔德什数是 2——也包括我。在经过了六度分隔之后，与埃尔德什有关联的研究者已经有 25 万人了，其中除了数学家，还有统计学、天文学和遗传学等领域的研究者。

这个例子与范畴论的一个重要概念有关。一旦你决定了要研究哪种关系，你就可以试着思考这个系统中是否存在一个"特别的物体"，其本身就包含了成千上万条重要的信息，就像一个诸如晴雨表、试金石或者埃尔德什这样的基准物。数学家将此类事物称为"泛性质"（universal property）。

通过这类事物与其他事物的关系来定义它们自身，这个问题我们实际上已经探讨过了。

- 数字 0 是唯一一个具有其他数字加上它而不发生改变这一特性的数字。
- 数字 1 是唯一一个具有其他数字乘以它而不发生改变这一特性的数字。

- 空集是所有集合中最小的集合。

- 之后我们会发现，空群是不存在的，所以所有群中最小的群是只有一个元素的群。

我们接下来会看到，范畴论把这些定义进行了推广。

家谱
用图像的方式强调关系

家谱是用连线的方式把人与人之间的关系清晰地表示出来的一种有效方法。大略地讲，家谱包含两种线——横线表示兄弟姐妹的关系，竖线表示父母子女的关系。还有一些家谱可能会用另外一种线型或符号表示婚姻关系。当整个家族的成员越来越多、形式越来越多样化时，家谱就会变得越来越复杂，你可能会在家谱中看到再婚、同父异母或同母异父的兄弟姐妹、继父或继母的孩子，等等，更不要提堂表亲结为夫妻的情况了。

画家谱可以帮助我们理解与"表亲"有关的那些略显复杂的亲戚关系概念，比如"第二代远房表亲"（second cousin once removed，就字面意义而言指的是与你有同一位曾祖父的、与你差一代的亲戚）。

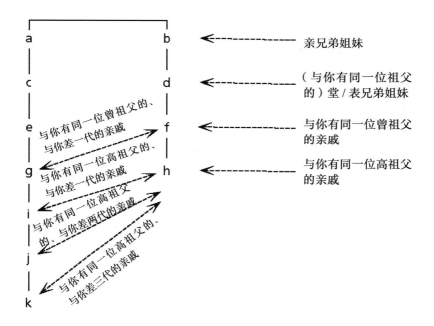

这种家谱式的关系描述方式也可以应用于其他并不是家族，但与家族有相似性的情境。我的钢琴老师没有自己的孩子，但她总说她的学生就像她的孩子一样。实际上，她是一个非常有影响力的导师，而作为她的学生，我们在钢琴比赛、大师班学习和她的课堂这几个方面都有着很相似的经历，因而我们的关系多少有些像兄弟姐妹。我把我的钢琴课同学看作我在"钢琴上的兄弟姐妹"。我与他们始终保持着一种亲密的关系，并且这种关系一直延续到今天。我们的钢琴老师不只教授音乐，她也向我们传授她所秉持的价值观和原则，就像我们的父母一样（或者至少，像父母应该做的那样），因此就价值观而言，我和我在钢琴上的兄弟姐妹是大致相同的。即使是那些年龄比我大上很多或者小上很多，从未与我一起上过她的课的学生，我仍然认为我与他们有一种情感上的联结。

钢琴领域的家谱可能比真正的家谱更缺乏对称性，因为此家谱上的人要么没有钢琴学生（如果他们自己不从事钢琴老师这个职业的话），要么就有一大群钢琴学生（如果他们当上了钢琴老师的话）。这跟一般的家族家谱形成了鲜明的对比，因为大部分人都只有少数几个孩子，没有或者有太多的情况不太常见。但即便如此，追溯我的钢琴上的祖先还是一件很有趣的事：我的钢琴上的曾祖母是克拉拉·舒曼，作曲家罗伯特·舒曼的妻子。这其实比我能够回溯的家族家谱更久远，因为我完全不知道我的曾祖父母是谁。

至少在数学家之间，关于数学的家谱是大家都非常熟悉的。事实上，有人创建了一个关于数学家谱的网站，这个家谱试图追溯世界上所有数学家之间的"亲缘关系"，你可以任意指定一位数学家，让网站生成一个与这位数学家有关的家谱。在数学领域，当你拿到数学博士学位的时候，你就被视为"出生"了。你的"父母"就是你博士阶段的导师。就像我和我的钢琴老师一样，这也代表了一种亲缘关系。很多博士生导师，至少其中那些不错的导师（比如我的导师）在学界都很有影响力，而他会成为你的良师益友。他们不仅会指导学生写博士论文，而且会引导、影响学生的思维方式和行为方式，至少是在学术研究这方面。当我见到我"新出生的"数学领域的兄弟姐妹时，我总能感觉到与他们之间的某种联结，就像我与我在钢琴上的兄弟姐妹一样，也许这种感觉和初次见到失散多年的兄弟姐妹差不多吧。

说回之前的话题，当我尝试着查询关于我自己的数学家谱时，我发现我能追溯到的祖先比我真正的家族家谱更久远：我在数学上的曾祖父是阿兰·图灵，"二战"时期一位伟大的密码破解家，不幸的是，他因同性恋被起诉，在去世前遭受了许多折磨，直到2013年才得到了一份迟到太久的赦免。

范畴论也会用图表来表示关系，这种图表就类似于家谱、航线图、街道地图，以及我们之前提到的关于数字30的因数的"格子图"。这种图表化的表达通常而言是经过大幅简化的，但我们在进行抽象化讨论时常常会遇到这种情况——一些重要的细节被舍弃了。像往常一样，我们的目的是凸显那些我们更感兴趣的特点，在范畴论中则是一些特定的关系，并借此将这些特点或特定的关系置于不同的情境中做对比。

范畴论通过箭头来表示关系，以展示某个情境的结构特点。箭头表示我们正在研究的某个特定数学领域的某种关系，我们可以用很多箭头来表示两个事物的多重关系。这种方法最强大的地方在于，它将所有的事物都几何化了，这就意味着我们可以运用人类另一个重要的认知功能——视觉思维来思考。

实际上，当我们在观察像家谱一样的图表时，我们更多地是用拓扑学的方式而不是用几何学的方式去观察。我们往往并不关心箭头的形状，只关心它们的起点和终点。就像坐地铁时，你通常并不关心地铁在地下行驶的路线，你只需要在指定的站台上车和下车就可以了。

这种方法带给我们的启发是惊人的。我们在接下来的部分会用到许多图表，而它们与家谱的相似性会越来越小。以下是范畴论中的一些经典图表，我们稍后会详细探讨它们的含义。

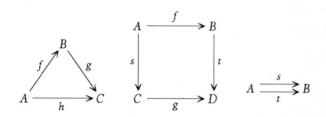

朋友
双向关系还是单向关系

你也可以画一张你与你朋友的关系网络图。你可以先在纸上用一个点来表示你的每一个朋友，如果他们彼此是朋友的话，你就可以用一条线段把他们连接起来。你也许很快就会遇到一些有趣的问题：

- 每个人都是他自己的朋友吗？（或者，每个人都是他自己最大的敌人？）
- 如果某人是你的朋友，那你必须也是他的朋友吗？
- 你朋友的所有朋友一定都是你的朋友吗？（脸书就认为答案是肯定的。）

如果你对第二个问题的答案是否定的话，那么这条用来连接两个点的线段最好换成箭头，这样你就可以用箭头指向的不同方向来区分你是他人的朋友与他人是你的朋友这两种关系了。就像这样：

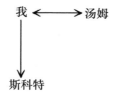

在这张图中，我是汤姆的朋友，汤姆也是我的朋友。我是斯科特的朋友，但斯科特并不是我的朋友。（也许我对斯科特很友好，但他对我并不友好。）

一旦你画好了这张图，一些特性看起来就一目了然了。

- 如果你没有朋友，你就会是白纸上一个孤立的点。
- 如果你很受欢迎，那么代表你的那个点就会发散出很多条线。

第二点在示意图中会明显地体现出来，因为那些与你联结在一起的人自己并没有发散出那么多条线。

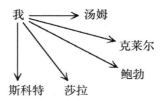

如果你身处一个联系非常紧密的朋友圈里，那么代表这些朋友的点之间就会有各种方向的箭头将彼此连接起来：

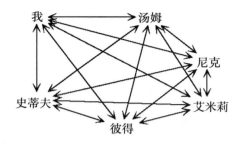

范畴论很看重这种图表，但也给这种图表能表示的关系加上了一些限制条件。这些关系与上面列出的问题不尽相同，但的确相关。上述关于友谊的三个问题与一个十分重要的表示关系的概念有关，这个概念就是"等价关系"。等价关系是一个十分明确、清晰的概念，因为它们总是遵从三条法则。在上述关于友谊的例子里，等价关系对应的是对上述三个问题的答案均为"是"。

第一条法则是"自反性"（reflexivity），也就是每个事物都与它们自己相关联。第二条法则是"对称性"（symmetry），也就是说，如果 A 与 B 相关联，那么 B 也与 A 相关联。第三条也是最后一条法则是"传递性"（transitivity），这一点我们在之前的章节已经讨论过了。这条法则是说，如果 A 与 B 相关联，并且 B 与 C 相关联，那么 A 与 C 相关联。

等价关系的一个例子是相似三角形。我们已经知道，相似三角形就是有相等角度的内角，但不一定有相等长度的边的一组三角形。现在我们可以用上述三条法则检验一下。

1. 每个三角形的内角度数都和它本身的内角度数相等，所以每个三角形和它本身都是一对相似三角形。

2. 如果三角形 A 与三角形 B 相似，则 A 与 B 有相等的内角，那么 B 也与 A 有相等的内角，所以 B 也与 A 相似。

3. 如果三角形 A 与三角形 B 相似，则 A 和 B 有相等的内角。如果三角形 B 和三角形 C 相似，则 B 和 C 有相等的内角。那么 A 和 C 也有相等的内角，所以三角形 A 与三角形 C 相似。

一个更基本的（听起来像是将法则重复了一遍的）关于等价关系的例子是相等。我们可以再次运用这三条法则来检验。

1. 不管我们谈论的是何种事物，总有 $A = A$。

2. 如果 $A = B$，那么 $B = A$ 一定成立。

3. 如果 $A = B$ 且 $B = C$，那么 $A = C$ 一定成立。

知道相等也属于等价关系是一件好事，因为如果我们要讨论更广泛的关系概念的话，我们最好确保那些简单基础的关于相等的概念也被包含在内。因为这意味着，等价关系是相等关系的一种推广。我们将会看到，范畴论所讨论的关系远不止等价关系。这是因为数学对象之间的很多关系并不像等价关系这样简洁、明确，但我们仍然希望好好地研究它们。

整理，还是不整理
知道什么时候应该让事物顺其自然

我的书桌看起来总是很杂乱，但我知道所有的东西都在它们应该在的位置——反正我是这么想的。我允许我那一大摞参考论文以及大把的钢笔和铅笔（我的桌上至少有 100 支笔）以对它们而言最自然的方式占用空间。不过有些时候，我仍然不得不做一番整理，这通常是因为我的"书桌"其实就是我的餐桌。所以如果我的朋友来我家吃饭的话，我就必须把它清理干净。在这种时候，我会试着把所有的论文摞成一摞或者几摞。一旦它们被摞成一摞，它们看起来就没有那么杂乱，也很容易被搬来搬去了，但我认为，这种做法破坏了它们最"自然"的几何形态。我会更难从那一摞参考论文里面找到我需要的论文，因为它们被排成了一列，改变了各自本来的位置，当它们在我的"书桌"上被散乱地到处摊开的时候，我总能知道我想找的东西在哪里。

这是关于数学的自然几何形态的一个重要方面，也正是范畴论所做的事。范畴论将一个抽象的关于"关系"的概念变成了一个可视的概念，一个"地图"上的箭头或其他类似的实物性的描绘。这种视觉表达甚至不限于二维图形，还可以是三维图形。

大部分人所知道的代数形式似乎都是一排又一排的符号表达，就像一摞摞整理得很规整的论文：

$$2x + 3 = 7$$

$$2x = 7 - 3$$

$$2x = 4$$

$$x = \frac{4}{2} = 2$$

然而，如果我们处理的是事物之间更复杂微妙的关系，而且这些事物并不"想"被排列成直线的话呢？它们可能有一种对其本身而言最自然的几何形态，而范畴论的重要特点之一就是它允许事物以它们本来的自然形态存在。

以下是一个写成方程式的代数表达式：

$$xC.\ By.\ zA = Az.\ yB.\ Cx$$

这个方程式的含义很难看出来，但其实它有一个与立方体表面有关的自然几何形态。其中小写字母表示的是立方体的表面（在下图中用双箭头标明），大写字母表示的是立方体的边（在下图中用单箭头标明）。整个表达结构在范畴论里有一个确切的含义，虽然就目前而言很难简单地解释清楚。不过，也许你能从这个例子中认识到，将写成一个简洁的方程形式的代数表达式转变为一个包含立方体形状的图形表达式需要遵循哪些法则。

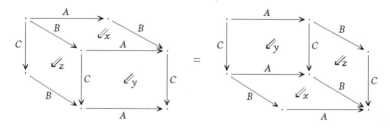

这个表达式真的很像一本关于如何用小的部件组装成一个大型结构的说明书，在这里，长方形的表面和它长而细的边就是那些部

件。如果你拿到了标为 x、y、z 的长方形表面，你也许有很多种方法把它们组装成一个长方体。一旦你把 C 边这个部件装到 x 面这个部件的一角上（你可以称之为 xC），并且把 B 边这个部件装到 y 面这个部件的一角上（你可以称之为 By），那么你就只有一种方法将这两个组合好的部件拼成一个长方体。zA 部件及其他类似的组合部件同样适用于上述规则。

实际上，这个表达式还有其他的自然几何形态，比如以如下所示的"线"为部件的形态：

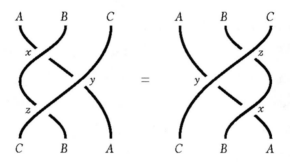

要解释这些线是如何与立方体的部件一一对应起来的就更困难了，但也许你能直接看出等式左边的线状图和等式右边的线状图是"一样"的，因为假如这些线真的是两端被固定住的绳子的话，那么你直接用手拨一拨它，就能让它从左手边的图案变成右手边的图案。这类图在数学中被称为"辫"（braids），因为它们看起来很像是梳成辫子的头发。历史上的一些数学争论最终就被归结为用我们刚刚说的"手指拨动"检验两个辫是否相同的问题。

> 上述关于立方体和线的图形表达式都是高维范畴论的典型计算。即便是那些十分资深的范畴论学者对于哪种图形更加清晰明了也并未达成共识。

这类图表是范畴论的一个重要特征，尤其是那些带有箭头的图表。即便你只是用箭头画了一个正方形，就像这样：

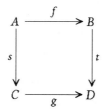

任何一位纯数学家也能认出它很可能出自范畴论。

有一个理论认为数学有三个分支：代数、几何和逻辑。广义上讲，代数是关于符号的，几何是关于形状和位置的，逻辑是关于提出有关事物的论点的。这个理论认为，所有的数学家都位于这个三角形的某条边上的某处：

但范畴论似乎包含了所有这三种数学对象——它探讨的是论点的结构，并且它以几何的方式研究代数。

单行道
在一张地图上表示不同类型的道路

　　一张街道地图在某种意义上就是一张表示各个地点之间关系的图表。这里的"关系"指的就是"从 A 地到 B 地的方法"。如果一张地图画得很详细，那么它可能就会标注出哪些道路是单行道，这样的话，从 A 到 B 的路线就不一定是可逆的了。

　　如果一张地图真的画得十分详细的话，那么它可能还会标注出哪些道路是自行车道。在这种情况下，从 A 到 B 的某条路线既有可能是汽车和自行车共用的，也有可能是只适合其中一种交通工具的。这张地图也可能会标注公交车道、电车道和人行道。当然，人行道不大可能具有方向性。（不过在某些地铁站内，人行道的确有可能是单向的，比如伦敦市区的中央线和北线的中转站——银行站，在这个地铁站内，上行和下行的螺旋楼梯就是完全分开的。）

　　所有这些地图标注汇总起来所描述的城市道路，更多的是关于如何从一个地方去往另一个地方，而非关于每样事物在什么地方。它更强调的是事物之间的关系，而不是事物本身，就像范畴论一样。这种结构的一个重要属性是，事物之间可以有多种不同形式的关系。而且，这种关系不一定是对称的，也就是说，从 A 到 B 的路线不一定可逆，因为可能存在单行道之类的限定规则。这就使得它与我们之前提到的等价关系有所不同。范畴论中的关系仍然具有自反性（事物与它们自己相关）和传递性，但并不一定具有对称性，并且现在我们又见识了一种新的特性，即事物之间可以有多种不同形式的关系。

下面这个图表描绘了一个很小的范畴：

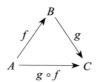

在这里，f 就相当于从 A 到 B 的一条路线，g 就相当于从 B 到 C 的一条路线。$g \circ f$ 就是我们用来表示从 A 到 C 途经 B，即先走 f 再走 g 这条路线的简化符号。（把 f 放在 g 的右边是有数学上的原因的，在此我就不多解释了。）

这就像是一张从伦敦出发经过唐卡斯特到达谢菲尔德的火车路线图，从地理学的角度看，为了让这张图更符合实际情况，它应该画成这样：

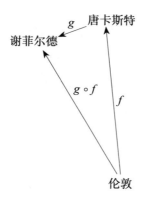

不过从数学的角度看，这两张图并没有实质性差别。这张图告诉我们，有一列火车从伦敦开往唐卡斯特，还有一列火车从唐卡斯

特开往谢菲尔德。你可以先乘坐前一列火车，再乘坐后一列火车从伦敦去往谢菲尔德。这些箭头并不代表火车实际行驶的路线，而是指存在一条从伦敦到谢菲尔德的路线这个抽象事实。

在下一张图里，我们在伦敦和谢菲尔德这两点之间增加了一个箭头，因为实际上从伦敦到谢菲尔德是有直达火车的，你可以不必在唐卡斯特转车。

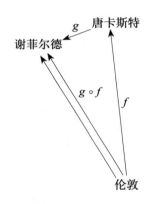

这张图表明，现在从伦敦到谢菲尔德有两条路线。一条是包含两列火车的"整合"路线，另外一条则不涉及整合的问题。在范畴论中，或者说在整个数学领域，这种先做一件事然后再做另一件事的过程被称为"复合"（composition）。

你也许注意到了，我们并没有画出这张地图上的所有路线。比如，你可以什么都不坐就从伦敦到达伦敦，这类似于关系的自反性。类似地，你也可以从谢菲尔德到谢菲尔德，以及从唐卡斯特到唐卡斯特。我们可以用迷你箭头把这些关系也标注出来：

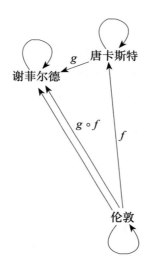

　　但这种标注好像没什么意义，因为它们太显而易见了。

　　在本章的末尾，我们将会给这些关于关系和画箭头的观点一个正式的总结。

范畴的公理化

　　就像我们在第 8 章里定义群一样，我们也可以通过公理化来定义范畴。我们需要知道范畴的基本构成元素是什么，以及把它们组合起来的规则是什么。

　　在数学里，一个范畴最基本的形式是一个集合里的元素以及这些元素之间的一组关系。但我们现在已经知道，范畴论所研究的关系不一定具有对称性，所以我们需要改变一下我们的描述方式，说明这一不同之处。因此，我们不再说"A 和 B 之间的关系"，而是说"从

A 到 *B* 的关系"，以强调这是一种单向的关系。事实上，在范畴论中，我们有时会用"从 *A* 到 *B* 的箭头"来进一步强调这种方向性，并提醒我们自己我们是用包含箭头的图示来有效地表示这些关系的。我们也会使用"态射"这个词，因为有时候这种关系更像是一种事物到另一种事物的连续变化，就像从甜甜圈到咖啡杯的连续变化一样。

现在我们来阐述一下范畴论中的关系必须遵循的法则：

1. （第一条规则略微类似于传递性。）如果有箭头 $A \xrightarrow{f} B$，以及箭头 $B \xrightarrow{g} C$，那么二者的结合一定会得到一个复合箭头 $A \xrightarrow{g \circ f} C$。

2. （第二条规则略微类似于自反性。）如果有一个物体 *A*，那么一定有一个"恒等"箭头 $A \xrightarrow{I} A$，使得对于任意箭头，$f \circ I = f$ 且 $I \circ f = f$。

3. 如果有三个箭头 $A \xrightarrow{f} B$、$B \xrightarrow{g} C$、$C \xrightarrow{h} D$，我们就可以创造出多个不同的复合箭头，但它们都遵循：

$$(h \circ g) \circ f = h \circ (g \circ f)$$

这些原则也许会让你想起群的公理，对于群，我们也有一个"什么都不做"的元素，以及一个把元素组合起来的规则。而在这里，我们组合的不再是物体，而是它们之间的关系。这是一个信号，表明我们已经在讨论一种更高层面的抽象或推广——每样事物都提升了一个维度。转换层面或升降维度是范畴论中经常发生的一种情况，我们在维度那一章会做进一步的探讨。这类讨论可能会让你感觉自己的大脑即将向内或者向外爆炸，或是扭曲成了像莫比乌斯环那样奇怪的形状。事实上，数学家有时称这类讨论为思维上的"瑜伽"。在下一章，我们将讨论当我们像这样完全改变自己的思维方式时，我们就会得到一个全新的看待事物的方式。

一些范畴的示例

以下是一些关于范畴的简单示例。有一个很小的范畴是这样的，它只包含一个元素和一个箭头。因为只包含一个箭头，所以我们知道它一定是恒等箭头。我们可以给这个小范畴画一张图：

我们可以称这个唯一的元素为 x 或 y 或者弗雷德，或者其他任何名字，这并不重要，因为它们并不会改变这张图。你也许会觉得这就是最小或者最傻的那个范畴，但其实还存在更小的范畴，就是没有元素也没有箭头的范畴，因此我们也无法把它画出来。注意，不存在有一个元素但没有箭头的范畴，因为根据之前提到的第二条法则，任何元素都有一个恒等箭头。

另一个范畴是这样的，它包含一个不是恒等箭头的箭头，这个范畴画出来是这样的：

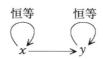

你也许会觉得把恒等箭头画出来好像没什么意义，因为它们总是存在的。因此我们在实际操作中通常不把它们画出来，这样就可以节省一些空间。因此对于上面这个范畴，我们一般这样画：

$$x \longrightarrow y$$

这里的 x 和 y 可以是集合，而从 x 到 y 的态射可以是一个函数。x 和 y 也可以是群，那么从 x 到 y 的态射就可以是一个与群运算有良好互动的映射。x 和 y 还可以是拓扑空间，那么从 x 到 y 的态射就可以是从一种空间到另一种空间的态射。然而，就像我们在代数中将所有的东西都变成了 x 和 y 一样，这里的 x 和 y 也并不是某个特定的集合或群或空间。如果说在代数方程中，x 是一个潜在的数字，那么在范畴论中，x 就是一个潜在的集合或群或空间或其他什么，这就是为什么我们只能称它为某个"物体"。

下图表示的也是一个范畴，其中的一些箭头可以被复合：

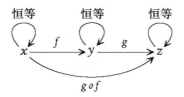

但事实上，我们不仅不需要画出恒等箭头，我们也不需要画出复合箭头 $g \circ f$，因为我们知道它一定存在。这些省略都是为了提高图表的表示效率，避免杂乱，使其更加易读。因此我们通常会这样画这张图：

$$x \xrightarrow{\quad f \quad} y \xrightarrow{\quad g \quad} z$$

很快我们就会看到这种"去杂乱"的做法和我们在研究 30 的因数时简化格子图的方法十分类似。

只有一个元素的范畴

我们现在可以试着理解我们在第 2 章描述过的那种令人感觉十分困惑的最后一步抽象过程。它是关于"一个元素的范畴"的。如果一个范畴只有一个元素，那么它所有的箭头都起始和终结于同一个点，虽然这些箭头不一定是恒等箭头：

比如，x 可能是所有整数的集合。关于整数，我们有很多并不能得到与之恒等的另一个集合的函数，比如给每个数加 1 的函数，或是给每个数乘以 10 的函数，这些函数的输出值集合是整数集合的子集。

在一个只有一个元素的范畴里，任何箭头都是可复合的，因为箭头的头和尾总是相接的。因此这个单一的元素不能给我们任何信息，我们也就不必再管它了。而对于这个范畴来说，其所有箭头组成的集合相当于一个元素可以相乘但不一定能相除的集合，就像自然数一样。这样的集合也被称作"幺半群"（monoid），于是现在我们终于了解了"一个只有一个元素的范畴就是一个幺半群"这个概念。

一些数字的范畴

我们可以创造一个所有元素都是自然数的范畴，并且规定当 $a \leqslant b$ 的时候，总有箭头 $a \rightarrow b$。所以我们会有这样的箭头：

$$1 \rightarrow 2 \rightarrow 3$$

以及这些箭头的复合箭头：

$$1 \rightarrow 3$$

这是一种特殊的范畴，其中，对于任意两个元素，它们之间有且只有一个箭头。因为对于任意两个自然数 a 和 b，只存在 $a \leqslant b$ 和 $b \leqslant a$ 两种可能。只有当 $a = b$ 时，二者才能同时成立，而在这种情况下，我们就有一个从 a 指向 a 的恒等箭头。而根据我们之前提到的绘图原则，我们不必画出复合箭头或恒等箭头，所以这个范畴可以被表示为：

$$1 \rightarrow 2 \rightarrow 3 \rightarrow 4 \rightarrow 5 \rightarrow 6 \rightarrow \cdots\cdots$$

我们看到，所有的数字都排成了一行，就像我们期待的那样。类似这样的范畴也被称为"全序集合"（totally ordered set），因为所有的元素都是按顺序排列的。你能看出为什么我们不能用"<"而必须用"≤"吗？因为如果用"<"代替"≤"的话，我们就没有恒等箭头了。范畴论的法则要求箭头可以从一个物体出发回到它本身，但我们不能说 1 < 1，所以这是不成立的。事实上，对于任何数字，我们都不能说 n 小于 n。

另外一个关于数字的范畴是我们讨论过的 30 的因数。假设 a 为 b 的因数，则存在一个箭头从 a 指向 b。这样我们就可以画出下面这张图：

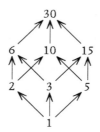

　　如果我们把所有的复合箭头也画出来的话，我们就会得到我们之前看到的那张杂乱的图：

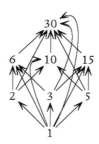

　　因此我们看到，运用范畴论的一些方法能让我们更清晰地了解事物的结构，因为它让我们的关系表示图更简洁了。这是范畴论的基本目的之一——"清理"我们的思考过程，提取最关键的结构。这种由物体和箭头组合而成的优雅结构带来的无穷可能性实在令人惊叹，它在很大程度上激发了我们用新的方式思考问题的灵感。以下是一些能够用下面这个极为简单、无害的，只包含两个元素和一个态射的图示来表示的众多概念：

$$x \to y$$

• 两个数字，以及一个不等关系（＜或＞或≤或≥）。

- 两个数字，其中一个可以被另一个整除。

- 两个集合，以及一个从一个集合到另一个集合的函数。

- 两个集合，其中一个完全被另一个包含。

- 两个群，以及一个从一个群到另一个群，并且与群结构（群运算）有良好互动的映射。

- 两个空间，以及一个从一个空间到另一个空间的态射。

- 空间里的两个点，以及一条把它们连起来的路径。

- 空间里的两条线，以及一个把它们连起来的曲面

- 位于左边的一对数字，位于右边的一个数字，以及一个关于忘记了左边的其中一个数字于是只剩下另一个数字（右边的数字）的过程。

- 两个逻辑命题，以及一个可以借助逻辑从一个命题推导出另一个命题的证明过程。

就目前而言，将这些情境表示为一个简单的图示似乎并没有达到什么特别的效果。但这仅仅是范畴论的起点。我们可以做的下一步是把图表搭建起来，看看这些箭头和互动会构成怎样的更复杂的图形。这将是我们下一章的主题。

12

🍰 **火焰冰激凌**

原料

1 个 8 英寸的扁圆形海绵蛋糕

200 克树莓

1 品脱香草冰激凌

4 个鸡蛋的蛋白

175 克白砂糖

方法

1. 将白砂糖倒入蛋白液搅拌至蛋白液凝固。

2. 将蛋糕放在烤盘中，把树莓堆在蛋糕表面，在中心处预留出足够的位置。再将冰激凌倒在树莓之上，砌成圆顶状，将蛋糕表面最外围一圈的位置预留出来。

3. 把凝固的蛋白液倒在冰激凌上面，注意确保中间不留空隙，并用蛋白液填满蛋糕表面最外围一圈的空白处。

4. 在预热至220℃的烤箱内烤至蛋糕的蛋白糖霜变成棕色。趁热食用。

　　火焰冰激凌可不只是一道甜点——它是科学的结晶。它的不同构成部分不只是为了吃起来美味，更有结构性的功用。蛋白糖霜和海绵蛋糕可以将冰激凌与烤箱内部的高温环境隔绝开来，由此，我们才能得到同时品尝热的蛋白酥皮和冷的冰激凌的刺激体验。

还有很多其他种类的食物也有类似的十分重要的结构性特征。三明治和寿司是为了方便人边走边吃而被发明出来的。传统的约克郡布丁其实是一个用来盛放你想吃的食物的可食用的盘子。法式酥盒是另一种用来装食物的可食用容器。面糊炸鱼中的面糊起到了避免鱼肉外侧被炸过头的作用。还有那种将蛋糕放在果肉挖空的橘子皮内部然后用篝火烤制的甜品，其中橘子皮不仅能避免蛋糕在烤制时掉出来，还能防止蛋糕直接接触篝火，并赋予蛋糕一种微微的橘子清香。

在上面这些美味食物的实例中，食物的结构都是一个十分重要的组成部分，在某些情况下，食物的味道会被结构影响甚至决定。这与一个"恐龙形状的蛋糕"有所不同，在这种情况下，蛋糕的形状和味道几乎可以说是彼此独立的。

范畴论研究的一个重要方面就是确定某个数学概念的哪一部分是结构性的——更像是火焰冰激凌而不是恐龙形状的蛋糕。范畴论会十分仔细地研究每一个组成部分在保持此数学概念的结构完整性中所扮演的角色。

多层停车场
建筑的结构性部分是什么样子的

有一次，我和一些朋友在路上看到一座建了一半的建筑。事实上可能建了还不到一半，它只是这座建筑的某个结构的一层外壳。

我们纷纷猜测它到底会是一座什么类型的建筑。有些人试图通过回忆最近看到的关于这片区域要建什么建筑的新闻来找到答案。但作为一个数学家（并且是一个纯数学家），我的做法是：观察这座建筑，并试图通过"第一原理"来弄清楚，我眼前这个东西看起来到底像什么。

我忽然意识到两件事。第一，它看起来很像一个多层停车场。第二，任何处在类似的建造阶段的建筑看起来都很像一个多层停车场。一般而言，当我思考一座建筑的基本结构的时候，我会试着把各种多余的东西剔除掉：首先是家具和墙纸，以及图画之类的装饰，然后是窗子和门，再然后是所有的非承重墙。

但还有一种分析建筑结构的方法是反过来：把一座建筑一层层搭建起来，而不是拆解开来。因为最关键的建筑结构肯定要先于所有的装饰性结构存在。

很多数学领域都是关于结构的，而范畴论尤其如此。是什么支撑起了某个事物？哪些部分是你可以抽出来而不会让整个事物坍塌的？

这多少有点儿像我们之前讲过的关于平行公设的故事，在那个故事里，数学家们花费了几百年的时间试图弄清楚第五条公设是否必要——如果没有这条公设的话，几何学是会分崩离析，还是没有变化？在范畴论里，我们想研究的是公理的哪个部分使得这个公理及由其推导出的其他结论在某个特定的数学情境下成立。这很重要，因为它能帮助我们将某些结论从一个应用场景推广至另一个与前者稍有不同的应用场景，只要我们知道它的基石和支撑结构是什么即可。

这里有一个关于什么是整数的基石的思维实验。设想一下这种情况：数字 2 不再存在了。那么现在，哪些数字是质数？我们知道，质数是只能被 1 和它本身整除的数，而且 1 不算质数。

3 还是质数，因为它只能被 1 和它自己整除。但 4 呢？原来的 4 除了 1 和它本身还能被 2 整除，但现在，2 不存在了。所以 4 现在只能被 1 和 4 整除，于是 4 变成了一个"质数"。

5 也仍然是质数。你可以将这一事实进行推广，并且很快意识到，任何原来是质数的数现在还是质数，因为它们并没有突然就变得能被某个新的东西整除了——我们并没有为正整数添加新的东西。（我们去掉了数字 2，但我们并没有发明一个替代它的位置的新东西。）出现问题的是偶数，它们不再能被 2 整除了，因为 2 不存在了。

因此 6 现在是质数了，因为它不再能被 3 整除了。为什么这么说？这里我们就要特别注意能被 3 "整除"的具体含义：$6 = 3 \times k$，其中 k 是任意一个使等式成立的整数。但现在，6 不再等于 3 乘以什么东西了，因为 2 不存在了。因此 6 只能被 1 和它本身整除。8 和 10 也同理。

于是，我们现在得到了一个有趣的事实——数字现在可以用不同的方式表示为"质数"的乘积了。你能想出一个例子吗？比如下面这个数：

$$24 = 3 \times 8 = 4 \times 6$$

在我们这个新的没有 2 的整数世界里，3、8、4 和 6 都是"质数"。因此，通过去掉数字 2，我们破坏了数字的一条基本原则——每个数字被表示成质数乘积的方式是唯一的。

圣保罗大教堂

一个结构的三种版本

在健身房进行日常锻炼的时候，我通常会把电视调成静音，因为我更喜欢听着自己的音乐，它们总能驱使我更卖力地运动，但电视屏幕就在我的眼前，我没办法不看。有一次，我在健身房看了一部十分无聊的关于圣保罗大教堂修建过程的文献电视片，它的自动字幕看起来很不自然，用的是那种会让人觉得是机器人在说话的生硬字体。

除了知道圣保罗大教堂是由克里斯托弗·雷恩爵士设计的以外，我当时对它没有什么其他的了解，更不用说它的拱顶是如何建造的，建造它花了多长时间，以及它如何险些烂尾的历史。我甚至不确定自己是否真的欣赏它宏大而雄壮的美，我只知道它很大，而且很有名。

而从那部片子里，我了解到圣保罗大教堂的拱顶实际上由三个拱顶组成的：一个内部拱顶、一个外部拱顶，这两个拱顶都是可以直接看到的，以及第三个拱顶——夹在前两个拱顶中间，隐蔽地支撑着整个建筑结构。外部拱顶是你从伦敦市区的任何地方望过去都能看到的，这么多年来，它依然统治着伦敦的天际线，碎片大厦、"小黄瓜"大楼等摩天大楼的相继建成也并没有对它造成影响。大教堂的绝对高度并不是其独树一帜的真正原因——从1962年起，它就不再是伦敦最高的建筑了，而且碎片大厦几乎是它的三倍高。圣保罗大教堂真正的伟大之处在于其拱顶体积之巨带来了一个工程学上的难题：怎样才能在保证底部不坍塌的前提下用建筑结构支撑起如此巨大的东西？

内部拱顶的存在主要用于满足大教堂内部结构的审美需求，也就是说，大教堂内部空间的各个组成部分需要形成一个尺寸上的平衡，一个过于高大的拱顶会让教堂内部的整个空间变得十分压抑。实际上，直到我看了这部文献电视片，我才意识到我们在教堂内部看到的拱顶并不是我们在外面看到的那一个。

而这座建筑真正的神来之笔正是它的第三个拱顶，一个隐蔽的、结构性的拱顶，它使前面两个拱顶得以有机结合。前面两个拱顶太宽太平，不能起到支持拱顶顶端十分沉重的小圆顶结构的作用。因此，两个拱顶之间必须有一个更尖的锥形实体结构。这个拱顶本身看上去并不美，但它足够坚固，可以令人放心地支撑起整个拱顶的负重。

当时我还是一个在读博士，而这部电视片让我一下子找到了梳理我正在写的博士论文的灵感。我的论文同样包含三种对于同一结构的描述，第一种描述出于"内在"动机（该情境的内在逻辑），第二种描述出于"外在"动机（该情境的应用），以及第三种"隐蔽的"描述，其存在的唯一目的就是支撑该情境的整个结构，以及让前面两种描述有机结合起来。

这个故事对我个人的启发在于，很明显，雷恩爵士在建造之初并没有想好要怎样实现他所期待的效果。那时，建筑工人已经开始建造大教堂了，而雷恩仍然没有想出建造拱顶的方法；他只有一张关于这座教堂在最终完成时的蓝图，建造这三个拱顶的想法是后来才产生的。

我现在相信，内在动机和外在动机是有明显差别的，并且它们之间存在一个支撑性的结构用于联结二者；以及，如果一个人想到了一个不错的主意，那么实现它或证明它的办法在之后总会被发现。此外，在最终抵达伟大的成功之前，一个人可能会经历巨大的失败。现在，我十分欣赏圣保罗大教堂。

范畴论常常会研究同一个结构的不同方面。将事物翻转过来，从另一个角度看待它们是很有趣的，毕竟，只从单一的视角理解事物太局限了。数学史上的跳跃式发展往往出现在看起来不相关的研究领域建立起了联系，使得不同领域的信息和技术的交流、交换成为可能的时刻，这就像是搭建一座连接了两个原本孤立存在的岛屿的桥一样。

范畴论产生于代数拓扑学领域的研究。在本书中，我们已经了解了拓扑学中的很多概念，包括曲面、结、甜甜圈，以及如何让一个形状"连续变化"成另一个形状，就像捏橡皮泥一样。我们也遇到了代数中的一些概念，包括群、关系、结合律等。

代数拓扑学就相当于一条连接代数和拓扑学这两座"城市"的道路。建造这条道路最初的目的是用代数来研究拓扑学，但之后数学家们发现，这种沟通可以是双向的，即拓扑学也可以用于研究代数。范畴论的出现让这两座语言不通的城市得以交流。它让我们可以问出以下这些问题。

- 一组城市所具有的某些特征是否与另一座城市的某些特征相似？
- 如果我们把应用于一座城市的工具和技术迁移到另一座城市，它们还能发挥作用吗？
- 一座城市中事物之间的关系是否与另一座城市中事物之间的关系有类似之处？

范畴论并不一定有所有这些问题的答案，但它至少为我们提供了一种提出这些问题的语言，并且帮助我们弄清楚对于解答这些问题，哪些概念是重要的，哪些概念是无关的。

光盘
使一张光盘成为光盘的关键要素

有一次，我决定把一张光盘的自带标签撕掉。我已经忘记我这么做的具体原因了，也许是因为它太丑了，我不想再看到它了吧。当时是我第一次尝试制作一张属于自己的光盘，所以我买了一整盒可以粘贴的光盘标签，我很喜欢使用它们。我的计划是设计出一个新的光盘标签，然后把它贴在我自己的那张光盘上。我试着这么做了，但新的标签没能完全覆盖旧的标签，我仍然可以看到旧标签。

也许你觉得这是一个编造的故事，我能理解你，我自己都有类似的感觉。我的确无论如何都想不起来当时我为什么要把光盘的自带标签撕掉了，但我非常清晰地记得之后发生了什么。我撕掉了旧标签，于是发现剩下的是：一片透明的塑料。

我感觉自己特别愚蠢。是不是除了我以外地球上的所有人都知道光盘表面那亮闪闪的、标志性的部分，其实在结构上是光盘标签的一部分，而拿掉这部分之后，光盘只不过是一片透明的塑料？

类似的事情还发生在我挑选裙子的时候。我曾经对着一条裙子想："除了上面那朵不好看的花以外，这是一条很美的裙子。"但当我开始研究如何只把这朵花去掉而保留裙子的整体设计时，我发现花与裙子是密不可分的，它是这条裙子的基本结构的一部分。于是我只好放弃了这条裙子。

在范畴论里，研究事物结构的一个很重要的方面是探索如果去掉这个结构的某些部分，这个结构会出现什么问题。这些探索都是为了让你能在一个结构不够显而易见的（数学）世界里准确理解事物运行的原理。这有点儿像学习不使用电动打蛋器打蛋白的方法。当你了解了电动打蛋器的工作原理后，你就会知道手打蛋白是完全可行的，这意味着即使身处一个没有电动打蛋器甚至没有电的厨房里，你也能打发蛋白。也许你正在森林里野炊，而且你真的需要用到打发的蛋白呢？算了，这并不重要。

一个数学版的"电动打蛋器"是关于我们如何解二次方程的。在第 7 章里，我们看到对于这样的二次方程：

$$x^2 - 3x + 2 = 0$$

我们可以通过对等式左边进行因式分解来求解：

$$x^2 - 3x + 2 = (x - 1)(x - 2)$$

我们断定，如果该表达式等于 0，那么两个括号项中的一个一定等于 0，所以要么是 $x - 1 = 0$，这样的话 $x = 1$，要么是 $x - 2 = 0$，这样的话 $x = 2$。因此这个二次方程有两个解。

但现在，我们假设这个问题的背景是一个一圈有 6 个小时的钟。你可以试着代入一些其他的值来看看等式左边会等于什么。比如，如果你让 $x = 4$，你就会得到：

$$x^2 - 3x + 2 = (4 \times 4) - (3 \times 4) + 2$$
$$= 16 - 12 + 2$$
$$= 6$$

但对于有 6 个小时的钟来说，6 就等于 0，所以 $x = 4$ 其实也会让等式左边的表达式等于 0。通过实际检验你会发现，如果 $x = 5$，则等式左边的表达式等于 12，也就是等于 0。这意味着 1、2、4 和 5 都是这个二次方程在 6 个小时的钟这个情境下的解。这是怎么回事呢？这些"额外的"解是从哪里来的呢？我们应该到哪里去找它们，以及我们如何确保我们已经穷尽了所有的解呢？

回答这些问题的关键在于回过头看看我们的解是怎么得出来的。一个决定性的中间步骤是我们说"其中一个括号项的值一定等于 0"。这句话实际的意思是，如果两个东西相乘结果为 0，那么其中一个肯定为 0。然而，这个观点对于普通数字来说是对的，并不代表它对于一个有 6 个小时的钟这个情境而言同样正确。比如，存在如下反例：

$$3 \times 2 = 6 = 0$$

$$4 \times 3 = 12 = 0$$

这就是为什么在我们代入 $x = 4$ 的时候，两个括号项（$x - 1$）和（$x - 2$）的值都不为 0，新的解却产生了。当 $x = 4$ 的时候，两个括号项的值分别为 3 和 2，当 $x = 5$ 的时候，两个括号项的值分别为 4 和 3。正是这两种"额外的"使两个事物相乘结果为 0 的方式使得这个二次方程产生了两个"额外的"解。

在这个例子中，我们来到了一个不具备我们所熟悉的数学结构的世界，也就是使两个数字相乘结果为 0 的唯一方法是让其中一个数字为 0。当我们身处这个与往常不同的数学世界，或是身处任何其他没有这种数学结构的世界之中时，我们就需要在推理时特别地小心谨慎。在上文中，我们找出了一个适用于不同世界的解二次方程的重要结构。如果没有找到这个重要的工具，我们就必须耗费更多的精力才能确保我们找到了所有正确的解。

钱
精打细算

如果你有很多钱，多到花不完，你就永远不必弄明白任何事物背后的运行原理了。因为不管是什么东西出现了问题，你都可以用钱来解决它——要么付钱请人修理，要么直接买一个新的。如果你足够富有的话，你也无须在意你每天究竟花了多少钱，虽然现实中的不少有钱人显然仍然对这件事很在意。

但如果你只是一个普通人，你就必须在意这件事，以避免让自己陷入入不敷出的深渊。即便你不是一个习惯性勤俭节约的人，弄清楚自己都在什么地方花了钱也是一件好事，因为这样一来，在必要的时候，你可以很快做出调整。

有些数学研究是以"不差钱"的方式进行的——你不需要担心自己会用尽（数学）资源，因而也就不会注意哪些资源被用了。与之形成对比的是范畴论，范畴论研究是以"勤俭节约"的方式进行的，或者至少你很清楚你在什么地方花费了哪些数学资源。换句话说，范畴论研究的目的是确保你在研究数学的每时每刻都要注意你采用了怎样的结构使得研究继续下去。有时，表面上来看，你似乎并没有用到某些数学结构，但有时候，隐蔽的使用更加重要，因为它是隐蔽的，所以你很容易在自己注意不到的情况下使用它。这有点儿像突然收到一笔金额不小的信用卡账单，原因是孩子们在手机上购买了游戏的很多额外付费项目，或是你不小心在国外使用了本国手机号的网络服务，结果不得不支付一大笔漫游费。

范畴论致力于记录数学资源的使用情况，不是因为在数学中资源会被突然用尽（幸好这不是数学资源通常的消耗方式），而是因为这样你就可以有目的性地用更少的资源解决某个问题。范畴论的初衷是在不同的数学世界之间建立联系，以及发展一些适用于不同世界，且不需要付出额外努力就可以直接使用的技术。

这就像我们刚才看到的二次方程的例子。这个例子用到的数学资源就是以下这个性质：

如果 $a \times b = 0$，则 $a = 0$ 或者 $b = 0$（或两者都为 0）。

如果你觉得你永远不会让自己陷入一个无法应用这一资源的世界之中，那么你肯定就不会在意你是否过于频繁地使用了它。但如果你关心模运算（钟面上的运算），或者只是关心自己陷入一个没有可用资源的世界的可能性，那么你就需要回过头重新审视所有你喜欢使用的方法和原理，弄明白你是在哪些情况下使用它们的，以及如何应对无法使用它们的情况。

> 一个更深刻的数学上的例子涉及"选择公理"。这条公理讲的是你可以无穷次地随意选择。在日常生活中，你也许会觉得做一个随意的选择很常见，比如从一顶帽子里摸出一张抽奖券。而选择公理说的是，你可以从无限多顶帽子的每一顶中摸出一张抽奖券。也许这句话听起来有点儿奇怪。实际上，连数学家都对这种表述是否奇怪存在分歧。
>
> 为了严格遵循逻辑规则，我们对于涉及"无穷"的过程总是需要非常小心。而这个还涉及随意选择的"无穷"过程尤其难以清晰界定。这也是为什么它成为一条单独存在的公理。数学家并不确定它是否应该被认为总是成立的，因此最好的方法就是在每次需要使用它的时候都尽可能地小心谨慎。
>
> 范畴论的一个分支就是专门研究这条公理不成立的

领域的，这个分支的研究目的是探索在这条公理不成立的前提下，还有多少数学研究可以继续进行。

骨骼

剥去其他后最后剩下的那部分

在剑桥的时候，我曾有幸坐在一位十分了不起的老教授旁边吃晚餐，那时候他大约已经 90 岁了。当时正值阿尔德黑儿童医院的丑闻被曝光，这家医院在未经患者及家属同意的情况下擅自摘除并保存死去儿童的身体器官。这位教授告诉我，他担心这件事会影响人们参加器官捐献的计划。他还说，这条丑闻的曝光促使他联系了阿登布鲁克医院，也即剑桥大学的教学医院，询问那里的医师在他死后他的身体对他们是否仍然有用。他年龄太大，已经不适合做器官移植了，但是那里的医师告诉他，他的骨骼对于面向医学生的医学教学仍然是有用的，所以他应该尽量避免因车祸去世而导致身体骨骼变形这种情况。（他是带着他特有的那种愉快的神情说这些话的。我不知道我老了以后是不是也能像他一样用这种轻松、积极的语气谈论我自己的死亡。）几年后，我听说他在家中去世了，我真心希望他的骨骼能如他所愿被用于医学教学。

骨骼显然不等同于一个完整的人，但它是理解人体如何工作的重要组成部分。它是人体的支撑结构。它与人的感觉、感情、思想等几乎没什么关系，但它是所有这些东西依附的框架。这也是在数学中我们致力于研究结构的主要原因。

逻辑学是数学中研究数学论点结构的一个分支。而范畴论则是数学中研究数学对象结构的一个分支。二者的相似性就在于它们都比数学研究本身更抽象，因为它们研究的是数学是如何运作的。但二者也有区别，逻辑学在日常生活中的使用更常见——或者说，它可以被使用，尽管它经常会被以不当的方式使用。在每一次形成论点、证明观点或是做出决定的时候，你都会（或者说应该）用到逻辑，以此将一些简单、基础的想法组合、延伸为一些更复杂的想法。

而范畴论所研究的数学对象的结构在日常生活中的使用就没有那么显而易见了。但事实上，这种剥去层层外壳以揭示真正重要的核心结构的思维训练可以被应用到各个领域。这个思维过程也可以反过来，即从简单结构出发，精心构建起更为复杂的结构。从形式上讲，范畴论只适用于处理数学结构，就像形式逻辑只适用于处理数学论点，而非日常生活中的一般论点。然而，我们在抽象的数学环境中接受的思维训练有助于我们应对实际的非数学的环境，就像在健身房锻炼能让我们以更好的身体状态应对健身房外面的世界一样。

巴腾堡蛋糕
一个普遍存在的结构

这是一个以不同的形式存在于数学世界各处的数学结构的例子。让我们先从一个一圈有 2 个小时的钟的加法说起，用专业术语来说就是"模 2 加法"。这个系统只包含两个数，0 和 1。在这里，2 就相当于 0，4、6、8、10……也相当于 0；3 就相当于 1，所有的奇数也相当于 1。

我们现在可以画一个加法表格。我们只需要数字 0 和 1（因为所有其他的数字都可以被视为 0 或者 1）。我们需要记住，虽然 1 + 1 = 2，但在这里，因为 2 就相当于 0，所以我们有 1 + 1 = 0。这个加法表格是这样的：

+	0	1
0	0	1
1	1	0

其实，这是所有的群中第二小的群。我们已经讨论过，最小的群只有一个元素，也即只有单位元。现在我们又有了一个只有两个元素的群。这与我们在关于原理那一章的结尾提出的问题有关。这个问题是关于给方格涂色的，其中每种颜色在每行和每列只能出现一次。

这一图表形式还会以另外一种方式出现。我们可以想想，如果只使用 1 和 –1 两个数字，并用乘法来组合它们，我们会得到什么样的图表？

×	1	–1
1	1	–1
–1	–1	1

如果你把这个乘法表格和之前那个加法表格进行对比，你就会发现它们有着同样的规律，只不过格子里的具体内容不同。我们也可以想一下矩形的旋转对称问题。一个矩形只有两种形式的旋转对

称：旋转 0° 和旋转 180°。如果我们先旋转 0° 再旋转 180°，那么结果就是一共旋转了 180°。如果我们先旋转 180° 再旋转 0°，结果也是一样。然而，如果我们接连两次旋转 180°，我们就一共旋转了 360°，这就相当于回到了起点——和旋转 0° 的效果一样，或者说和完全不旋转效果一样。同样，我们可以画出描述这种旋转的图表：

旋转	0°	180°
0°	0°	180°
180°	180°	0°

对于这个图表的反复出现，也许你已经不再感到惊讶了。因为你已经在关于情境的那一章见过这个图表了，那时候我们探讨的是正数和负数的乘法，或者实数和虚数的乘法，我们当时画了如下两个图表：

×	正数	负数
正数	正数	负数
负数	负数	正数

×	实数	虚数
实数	实数	虚数
虚数	虚数	实数

事实上，此种形式的图表和巴腾堡蛋糕的横切面图案一模一样：

这种蛋糕正是出于同样的理由被设计出来的——我们不希望相邻的方格有同样的颜色。

巴腾堡挑战

这里有一个挑战：你能不能画出一个巴腾堡蛋糕的图，其中每一个小蛋糕本身都是一个巴腾堡蛋糕？我把它称为"迭代巴腾堡蛋糕"。这意味着你首先要准备两种不同颜色组合的小巴腾堡蛋糕。因为每个小巴腾堡蛋糕都会用到两种颜色，所以我们现在一共用到了四种颜色。我们需要用这四种颜色填满一个 4×4 的方格图。其实，在第 3 章的结尾处，我们已经见过一个这样的例子了。我们当时回答了四个关于 4×4 彩色格子的问题，其中第一个问题的答案就是一个迭代巴腾堡蛋糕。

如果我们讨论的是矩形的旋转对称和反射对称，而不是仅讨论旋转对称，我们就会画出一张类似上面这个图案的图表。另一个类似的例子是奇数的乘法表格（模 8）。我们只需要考虑数字 1、3、5、7，因为在一个一圈有 8 个小时的钟上，除此之外的其他奇

数会分别等同于 1、3、5、7。你可以试着将这个乘法表格补充完整，记得每次得到 8 时就回到 0。所以 3 × 3 = 9，也就等于 1，以此类推。

×	1	3	5	7
1				
3				
5				
7				

当你将这图表补充完整后，你会得到如下图表，就和迭代巴腾堡蛋糕的横切面图案一样：

×	1	3	5	7
1	1	3	5	7
3	3	1	7	5
5	5	7	1	3
7	7	5	3	1

现在我们已经看到，巴腾堡蛋糕是一个存在于各处的数学结构，我们需要进一步分析，当我们说这些结构"其实都一样"的时候，我们到底在说什么。最简单的分析方法之一是把这个结构提取出来，把它转换成图表形式，就像我们刚刚做的那样。对于更具普遍性的结构，范畴论也会做类似的事情。我们已经了解了如何用箭头表明事物之间的关系。因此，我们现在可以尝试着将一种结构简化为一个带箭头的图示。

比如，我们也许会寻找类似如下图示的结构：

或是类似如下图示的结构：

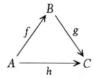

在第二个图示中，我们可以把 f 和 g 替换为旋转 180°，如此我们就得到了下面这个图示：

这个图示表明，将某个形状连续两次旋转 180°，就相当于没有旋转。

就像我们将之前的那些例子都转化为一个 2 × 2 的图表一样，这些范畴论的图表将结构置于不同的情境中，使得我们可以更清晰地看出某个结构与另外一个处于完全不同的情境中的结构是否"相同"。但"相同"又是什么意思呢？这将是我们下一章的主题。

13 相同

🍰 **生巧克力曲奇**

原料

100 克无糖杏干

50 克去核的枣

60 克磨碎的杏仁

100 克玉米淀粉

90 克生可可粉

60 克生可可脂

15 克椰子油

方法

1. 慢慢地将可可脂和椰子油融化。

2. 把所有原料扔进搅拌机，直到混合物看起来像是做曲奇的面团时再停止。

3. 把面团放在撒了可可粉的烤盘纸上压平，然后擀得尽可能薄。

4. 将面皮切成棋盘状，放入冰箱冷却直到固定成型。

我们之前已经讨论过无麸巧克力布朗尼的食谱了。但如果我们还想制作纯素食的版本，或者无糖版本，或者低脂版本呢？所有这些都是可能的，但是我们的成品会越来越不像真正的布朗尼。如果你每次只使用一样替代品来替代其中的一种原料，那成品的区别可能还不会太大，但随着你使用了越来越多的原料替代品，你就离最初的布朗尼越来越远了。

本章开头给出的这个食谱不仅是无麸的、纯素的、无糖的、低脂的，而且还是生的。不讨论生食是否健康，未经烘焙的生巧克力对我而言是一种绝佳的美味，这也是我发明这个食谱的初衷。但我并不确定"生曲奇"这个名字是否合适，因为根据"曲奇"（cookie）这个名字本身的写法，它应该是"经过烘焙的"（cooked）。但我们所做的这种巧克力甜品在其他方面与曲奇很类似：材质类似，味道类似（在我看来味道还要更好），并且在我的日常饮食中扮演着类似的角色——一个奖励，一样零食，一种搭配咖啡食用的甜点。

范畴论研究的一个重要目的就是准确描述有细微差别的"相同"。我之前已经讲过，"相等"是一个十分严格的概念，实际上没有很多事物是真正严格意义上相等的——你只能跟你自己相等。但是，还是有一些事物在某些特定的情境下可以被认为是差不多相等的。

通过强调事物之间的关系，范畴论让我们得以探索一种比相等更微妙的关系概念——相同（sameness）。在范畴论中，这些类似于相等的事物之间的关系尤其重要。当然，讨论问题的情境是很重要的，因为有些事物在某些情境中可以被视为相同，但在其他一些情境中则不能。我最喜欢的一类"误认相同"的实际例子是网络购物，你会发现，电脑总是试图替人来断定哪些事物是"相同的"。

网络购物
更好和更差的替代品

可以在网上购买食材和日用品这件事大大改变了我的日常生活。我很不擅长在实体店购买食材和日用品，因为我总是会被货架上那些看起来很好吃的东西诱惑而买一些会让我发胖或者花太多钱的东西。然而，当我在网上购物的时候，我完全不会被眼前晃来晃去的购物广告诱惑（但如果他们发明出一种办法能让刚烤好的曲奇的味道从电脑屏幕中飘出来，我可能就难以抵挡了）。此外，我还不必自己把买好的东西搬回家。

不过，我一直对网络商店推荐替代品的方法有所质疑。这种替代品的推荐逻辑是：如果你要买的某样东西缺货了，网站就会自动给你推荐另外一样它认为与之类似的东西，但你可以选择拒绝购买。

有一次，就在圣诞节前，我想购买 4 包每包 500 克的球芽甘蓝。是的，我买了很多，因为我觉得它们既好吃又管饱，而且非常健康。作为给自己的奖励，我有时候会用它们蘸我自己做的几乎不加糖的黑巧克力酱吃。总之，网站告知我没有 500 克一包的球芽甘蓝，于是向我推荐了 4 包每包 100 克的球芽甘蓝。没错，是 4 包共400 克，而不是我原本想要的 2 千克，也就是 20 包。

我听过的最好笑的网站推荐替代品事件发生在我朋友身上。我的那位朋友想买的是牙刷，而网站在她想买的牙刷没有货时给她推荐了一把马桶刷。我猜，电脑系统显然更关注事物的内在属性

（"它们都是刷子"），而非它们在用户的生活中扮演的角色。

我们已经了解到，范畴论通过研究事物之间的关系（而不只是事物本身的特性）来研究具体情境中的事物。这种做法的目的之一是准确界定哪些事物在某些情境下可以被视为"相同"。这正是数学的核心。举一个基本的例子，求解方程式的实质内涵就是寻找相同。你从一个某物和某物相等的陈述出发，然后用一些更进一步的、同样表示某物等于某物但包含更多有效信息的陈述来替代它，直到你最终得到所有有助于求出未知量的关键信息。

方程式或等式为我们提供了理解同一概念的不同方式。比如：

$$3 \times 4 = 4 \times 3$$

这个等式告诉我们，3 袋苹果、每袋有 4 个的总苹果数，和 4 袋苹果、每袋有 3 个的总苹果数是一样的，虽然这两个情境并不完全相同。同样，我们还有如下等式：

$$5 + (5 + 3) = (5 + 5) + 3$$

这个等式告诉我们，先算 5 + 3，在其结果上再加 5 之后的最终结果，与先算 5 + 5，在其结果上再加 3 的最终结果是相同的。再一次，两者并不是完全相同的过程。而事实上，这正是这个等式有用的原因——第二种方法（先算 5 + 5）计算起来会更简单，因为 5 + 5 的结果是 10，而你可以很快算出 10 + 3 的结果。如果你用等式左边的方法去算，在第二步你就需要计算 5 + 8，对大部分人而言，这比计算 10 + 3 要更难一些。

我们可以看到，上述两个例子中的等号隐藏了很多信息。它并不意味着左边和右边完全相等，因为很明显二者是有区别的。它只意味着遵循左边的方法或右边的方法，你得到的答案会是一样的。这提示了我们一个可能会让我们稍微有些不舒服的事实，即真正严格意义上的等式只有那种等号的左边和右边完全一样的情况，比如：

$$1 = 1$$

或是：

$$x = x$$

但这些等式完全没有意义。真正有用的等式是那种告诉我们做一件事的两个不同的方法"在某种程度上相同"的等式。

范畴论的目的之一是确切定义"在某种程度上相同"的各种不同解释的可能含义是什么，因为在不同的情境中，有用的或者有关的关于相同的解释是不同的。在范畴论里，有时当我们说某些事物"相等"的时候，我们实际上并不是完全诚实的。这是一种善意的谎言，通常而言不会造成什么麻烦，除非你遇到了某些更微妙的情境。此时你会发现，你要说的这种善意的谎言越来越多，于是你不得不开始把它们记录下来。数学系的学生一般从本科高年级或研究生阶段才开始学范畴论，原因之一就是在那之前，忽略那些数学里的善意谎言不会造成太大的问题。

以下是一些我们已经探讨过的关于"相同"而非严格意义上的"相等"的例子。

- 一对相似三角形，它们有相等的内角和不同的边长。
- 拓扑学上的相同，比如一个甜甜圈和一只咖啡杯是"相同的"，因为其中一个可以连续变形为另一个的样子，就像捏一块橡皮泥一样。

- 等边三角形的对称和数字 1、2、3 的排序方式，因为我们可以把三角形的三个角标注为 1、2、3，然后看看当我们翻转或旋转三角形的时候这三个数字的相对位置。

- 我们在上一章见过的不同版本的"巴腾堡蛋糕"，包括：模 2 加法，1 和 –1 的乘法表，正数和负数的乘法表，实数和虚数的乘法表，矩形的旋转。

在范畴论里，这个过程有时是反过来的——我们不再问在某个特定的情境中什么算是"相同"的，而是先找到我们希望什么事物是相同的，然后问怎样的情境能让它们相同。有时，答案并不是显而易见的。比如，在现实生活中，或者说在一般意义上的"类别"定义下，我们并不会认为甜甜圈和咖啡杯可以算作"相同"的事物。而我们希望它们被视为相同的事物这个事实恰恰意味着数学家已经建立了可以用来研究它们的更为精妙、复杂的类别或范畴。实际上，建立起这些更为精妙、复杂的范畴其背后的理论本身就是数学重要的一部分，这也是当前范畴论研究的一个主要部分。

在这一章，我们将会讨论范畴论是如何用更准确的方式描述这些概念的。

纳尔逊的作战信号

牺牲某些相同以换取更大的利益

就在 1805 年 10 月 21 日特拉法加战役即将打响的关键时刻，英国海军中将纳尔逊为激励他的舰队发出了其闻名今日的作战信号：

> 英格兰期盼人人都能恪尽职守。

这是纳尔逊在其舰队取得那场著名的胜利之前发出的旗语信号。不过，纳尔逊原本想要发出的信号是：

> 英格兰相信人人都能恪尽职守。

这两句话的语气实际上存在着微妙的差异。在原本的信号中，纳尔逊使用的是"相信"（confide）一词的一个现在几近消失的意思：他不是在说"英格兰向大家吐露一个秘密"（这是 confide 一词最常见的用法），而是在说英格兰相信每个人都会尽到自己的职责。而"相信"与"期盼"在语气是有差异的。前者是一种更有信心的表述。它并不是一个命令，甚至不是一个隐性的命令，它只是一个简单的关于对舰队能赢得这场战役很有信心的陈述。我认为，这是一种典型的英国式的轻描淡写。我们通常不会说"去战胜敌人！"这样的话。不妨想象一下，如果有人在你准备做一件大事之前跟你说"我希望你能表现出色"，而不是"我有信心你会表现得很出色"，你会有怎样不同的感受。

总之，纳尔逊让他的通信官约翰·帕斯科中尉用旗语向舰队发出这个信号，并要求他尽快完成，因为之后他还有一个信号要发。而帕斯科恭敬地建议纳尔逊将"相信"换成另一个词，"期盼"。因为"期盼"在旗语手册里已经有一个对应的动作了，而"相信"则需要用旗语逐个字母地拼写，过于麻烦和耗时。纳尔逊同意了这个改动。

对纳尔逊来说，这两个信号就意思而言足够相同了。但对于通信官中尉来说，新的信号要简单省力很多。

在数学里，我们希望找到在特定情境中近乎相同的事物的目的也是类似的：对于某个事物，我们可以用一个在此情境下与之近乎相同的事物，但在另外一些方面简单很多的事物替代它。也许这个相似的事物是一个更容易处理的事物，或是一个更容易用图表表示出来的事物，或是一个更容易思考的事物。

比如，在拓扑学意义上，一张无限大的纸和一张很小的纸是一样的。实际上，它们都与一个点相同。而知道在拓扑学意义上它们是一样的，我们就能在不同情境中将它们彼此进行替换，这是一种很有用的方法。在某些时候，一个点思考起来是最容易的，因为它真的非常小。但在另一些时候，"一张纸"可能对于解决问题更有帮助。因为在实际生活中，你可以在纸上画一些东西（但在一个点上你就做不到），而在数学里，一张纸也有类似的功能。我在这里说的"一张纸"指的是一个正方形平面。这种平面在拓扑学中是一种很重要的事物，因为它们可以充当"拼贴"其他表面的基本元素。但对于点，我们就无法进行这样的拼贴，因为当你把一个点粘到另一个点上的时候，你还是会得到一个点，因为第二个点除了粘在第一个点上面以外没有别的地方可去。用很多点拼贴成一个曲面是不可能的。这就像用乐高积木来搭建东西，而你只有一块块小小的 1×1 的积木一样。你只能把它们堆成一座细细的塔。而点甚至更糟，因为它们本身并没有高度，所以堆积它们并不能使其向四周和上方延伸。

我们可以用数学语言描述这个事实。我们这里谈到的相同是"橡皮泥"式的，它被称为同伦等价。一张纸的数学版本就是一个平面。所以在数学中，我们说一个平面与一个点是同伦等价的。

通过把小的空间粘连起来构成大的空间是一个被称为"生成余极限"（taking colimits）的过程。这里我们遭遇的数学绊脚石是："生成余极限不能保持同伦等价。"这意味着，虽然平面和点是同伦等价的，但平面粘连起来得到的结果与点粘连起来得到的结果会很不相同。比如，把两张纸的两条对边粘起来，你会得到一个圆柱体。而无论是在一般意义上还是在拓扑学意义上，一个圆柱体与一个点都是很不同的，因为前者有一个洞。

巧克力蛋糕

小的不同被错误地积累成大的不同

　　如果你让孩子们从几块巧克力蛋糕中挑选一个，他们总是知道哪一块最好。如果你在分蛋糕时把不是最好的那块蛋糕分给他们，他们就会大失所望，甚至生气大哭。

　　现在，假设我们可以给每块巧克力蛋糕称重。可以想象，如果你给一个孩子一块 100 克的蛋糕和一块 95 克的蛋糕，他们可能注意不到两者的差别。因此这两块蛋糕对于孩子和对于你来说就都是"差不多相同"的。你也可以给这个孩子一块 95 克的蛋糕和一块 90 克的蛋糕，而他们可能还是注意不到两者的差别。你还可以给他一块 90 克的和一块 85 克的，然后是一块 85 克的和一块 80 克的，以此类推，而这个孩子可能始终觉得他拿到的两块蛋糕差不多。你可以一直这样分下去，直到蛋糕为 50 克，而此时，如果你给他们同时看这块 50 克的蛋糕和第一块 100 克的蛋糕，他们一定会说第一块更大。

　　发生了什么？当我们将一些事物视为差不多相同的时候，一些不该发生的奇怪的事发生了。在数学中，如果我们有：

$$a = b$$
$$b = c$$
$$c = d$$
$$d = e$$
$$\vdots$$

你可以一直这样写下去，直到：

$$y = z$$

那么你完全可以说 $a = z$ 是成立的。但对于孩子们拿到的巧克力蛋糕，这一等式并不成立。这就造成了一个问题。因此，范畴论不允许用旧有的描述方式来定义"相同"这个概念。巧克力蛋糕这个例子就不适合应用原有的"相同"概念。我们必须用一种新的公理化方式将这个情境纳入"相同"的范畴。

范畴论希望使用一种与定义"相等"概念足够接近的方式来定义"相同"的概念，这样我们就可以像处理相等的概念一样来处理相同了，只不过要更小心一些。这意味着，对于这个新的相同概念，我们仍然可以使用类似上文中"相等链"的表述，并且可以用某个与原来的事物"相同"的事物来替代前者，并得到"相同"的答案，就像用土豆粉代替面粉做布朗尼，然后仍能得到差不多可以被视为布朗尼的甜点。

在范畴论里，我们可以用事物之间的关系来表示这些相同的概念。我们说过，我们可以用箭头来表示这种关系，并将这种关系称作箭头或态射。其中一些箭头可能看起来与相同这个概念距离很远。比如，对于所有的数字而言，当 $a \leqslant b$ 的时候，我们就可以画一个箭头 $a \rightarrow b$。

显然，类似这样的箭头已经完全不像"相同"了，因为我们有 $3 \leqslant 10$，但显然 10 完全不像 3。但这其实并不是一个好的问题，因为在数字这个基础世界中，"相同"的唯一含义就是"相等"。而为了思考关于相同这个概念的其他更有意思的含义，我们需要将事物之间的关系尽可能地想成从 A 到 B 的过程，就像城市中两地间的路线一样。而我们需要回答的问题是：

这个过程（这条路线）可逆吗？

在范畴论里，只有当从 A 到 B 的过程可逆的时候，这两个事物才能算作"近乎相同"。如果这个过程只能单向进行，而不能逆向推进，这两个事物就不能被视为相同。

冻鸡蛋
一些几乎可逆的过程

如果你在融化巧克力时足够小心仔细，你就总能让它再次凝结成和原来差不多的样子。对于黄油来说，这件事就比较麻烦了，因为黄油融化后很容易固液分层，因此当它再次凝结的时候，它很可能就和原来不一样了。

那么冰激凌呢？你最好不要尝试融化冰激凌再重新冻住它，因为这种做法可能会让你食物中毒。但我这样做过很多次（因为我不想浪费冰激凌），而重新冻住的冰激凌在我看来就和原来一样。并且我从来没有因此生过病（至少目前为止还没有）。但严格来讲，在冰激凌重新冻住的时候，其内部的空气会跑掉一些，所以重新冻住的冰激凌一般都会比原来更硬一些。

关于把冻住的东西解冻再重新冻住的过程暂且讲到这里。我们现在来想象一下，如果我们把本来不该冻住或没有冻住的东西冻住，然后再解冻呢？对于水，你当然可以进行这样的操作，你可以想做几次就做几次。而对于牛奶，当你把冻住的牛奶解冻以后，它看起来可能就会有些奇怪——如果你选用的牛奶是非均质化的牛奶，它冻住再融化之后看起来就像已经变质了一样。我还是很乐意用这种牛奶来做饭的，但我不会用它给客人泡茶，否则他们多半会认为我疯了。

那么，你试过冻鸡蛋液吗？将鸡蛋在碗中打碎放入冰箱冷冻，再将这碗冻住的鸡蛋液解冻，这碗鸡蛋液可能会让你吓一跳。它的蛋白部分看起来还和之前差不多，但它的蛋黄部分不再是一个可爱的、缓缓流动的扁球体了，它会从蛋白液的表面凸出来，就像被煮过了一样。第一次尝试冷冻和解冻鸡蛋液的时候，我把解冻后的蛋黄切成了两半，没有想到连蛋黄的内部看起来也和煮过的蛋黄一般。我已经不记得它尝起来是什么味道了，但我肯定试着吃过它（你知道，我就是这样的人）。因为我通常只会用到蛋白，所以蛋黄因为冷冻和解冻变得奇怪对我影响并不大。对我来说，经过冷冻又解冻的鸡蛋液就和普通的鸡蛋液一样。（甚至还要更好些，因为在这种状态下，将蛋黄从蛋白液中分离出来要容易很多。）

我用以上这些例子想要表达的观点是，水的冷冻是一个完全可逆的过程，但其他食材的冷冻过程只是"近乎"可逆的。也就是说，当你试着通过解冻或者其他逆转操作将事物恢复原状的时候，你只能得到和最初的事物"近乎相同"的东西。这正是范畴论可以处理的问题，因为范畴论研究的正是"近乎相同"这一概念的具体含义。在很多时候，你在解决问题的过程中可能会得到一个并非完全正确，但是基本上正确的答案。而范畴论为我们提供了一种方法，让我们可以准确描述我们的答案，而不必摇着头嘟囔着说："呃，差不多是这样吧……"

在数学里，我们不用"可反转的"（reversible）这个词，而是用"可逆的"（invertible）这个词。"加2"就是一个可逆的数学过程。我们可以把这个过程画出来，就像这样：

$$3 \xrightarrow{+2} 5$$

然后我们可以画出这个过程的逆过程：

$$5 \xrightarrow{-2} 3$$

为了表明在过程逆转之后我们真的回到了起点，我们可以这样画：

$$3 \xrightarrow{+2} 5 \xrightarrow{-2} 3$$

其实在数学里，比过程逆转之后是否回到起点更让我们感兴趣的是，这个先正向后逆向的过程和从最开始就保持原状是否相同。对于数字，两种说法好像并没有什么区别，因为数字运算的正向和逆向过程还没有复杂到能凸显这种差别。但当你开始研究比数字更复杂的事物时，两种说法的差别就体现出来了。

但在数字世界中，仍然有很多过程是不可逆的。我们可以思考一下给数字取平方值的问题。比如：

$$3 \stackrel{\text{取平方值}}{\longrightarrow} 9$$

但我们也有：

$$-3 \stackrel{\text{取平方值}}{\longrightarrow} 9$$

因此，如果我们从 9 出发将这个过程逆转过来，我们应该如何判断答案是 3 还是 −3 呢？我们无法判断。因此，取平方值不是一个可逆的过程。

蛋奶糊

用不同方式组合事物带来不同结果

有些食谱会要求你分离蛋白和蛋黄，有时是因为你只会用到蛋白，比如做蛋白酥皮，或者只会用到蛋黄，比如做蛋奶糊；还有一些时候是因为你会分别用到这两样食材，让它们在最终的成品中和谐共存，比如柠檬蛋白派，其中蛋黄用来做馅料，蛋白用来做蛋白酥皮。另一些食谱也会要求你分离蛋白和蛋黄，但其目的在于，在分离二者之后，你可以用另外一些方式将它们重新混合在一起，比如做巧克力慕斯，你需要先将蛋黄和巧克力混合起来搅拌，再将蛋白打发至硬性发泡程度，然后将其倒入之前搅拌好的蛋黄巧克力混合液中。

在做蛋奶糊（以及其他很多需要分离蛋白蛋黄的食物）时，你必须按照正确的顺序做每件事，并且将原料正确地组合起来。首先搅拌蛋黄和糖，然后倒入牛奶继续搅拌。如果你先搅拌糖和牛奶，然后再倒入蛋黄，你就会得到完全不同的混合物。

　　做蛋糕就没有那么严格了。我通常会先打发黄油和糖，然后加入鸡蛋，再然后加入面粉。但其实你也可以先搅拌糖和鸡蛋，然后加黄油（不过如果黄油没有完全融化的话，搅拌的效果就没有那么好了）。实际上，随着电动搅拌器和食品料理机的出现，所有这些技术细节都变得不再重要了——基本上，你完全可以把所有的食材都扔进食品料理机，然后按下"工作"按钮即可。

　　我们可以用下面这张图来表示做蛋奶糊的过程：

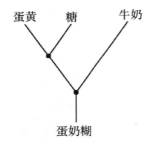

　　我们会注意到，如果糖这个"分支"先和牛奶"分支"连起来再和蛋黄"分支"连起来，结果就会有所不同。也就是：

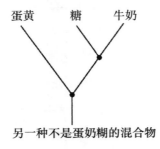

　　对于蛋糕来说，我们有一个包含四个分支的示意图：

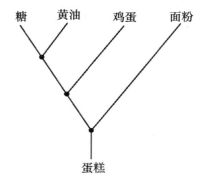

这些图在数学中被称为"树状图",因为它们看起来很像一棵树。位于树状图最顶端的那些没有其他分叉的节点,也就是前两张图中被标注为"蛋黄"、"糖"和"牛奶"的点,叫作"叶节点"(leaf),位于最底端的节点被称为"根节点"(root)。树状图是另外一种生动表示一个情境的主要结构的方法。范畴论会非常仔细地研究这类关系,因为这类关系在我们最基础的数学领域通常会被视为理所当然,但在另一些数学领域,这些关系并没有这么显而易见。

这里,我们需要再一次讨论结合律这个概念。在我们熟悉的数字世界中,加法遵循这条法则:

$$(5+5)+3=5+(5+3)$$

我们可以对此进行推广,用符号替代数字,以表示这条法则对于所有数字的加法都适用:

$$(x+y)+z=x+(y+z)$$

但对于蛋奶糊来说,我们刚才描述的规律是:

$$(蛋黄+糖)+牛奶 \neq 蛋黄+(糖+牛奶)$$

这个表达式中的加号并不完全表示做加法,而这正是整个讨论的目的所在——这是一种比单纯将事物凑到一起更为复杂的组合过程，也说明了为什么这两种"加法"不能等同视之。如果组合这些食材的方法更为粗糙，比如只是"一起扔到一只碗里"，那么这两种加法就可以被视为相同了，但这种组合方式并不能很好地代表我们制作蛋奶糊的实际过程。

对于与做蛋奶糊类似但更简单一些的情境，范畴论拥有很多种研究方法。在这类情境中，根据我们研究的具体关系，类似上一例中关于蛋奶糊的两个不同版本的树状图虽然并不完全相同，但可以被视为"近乎相同"。我们马上就会看到一些用于表示这类近乎相同的关系的几何图。

我们可以试着画出所有包含四个叶节点的树状图，就像制作包含四种原料的甜点一样。我们假设每次只能加一样东西。以下是所有可能的树状图：

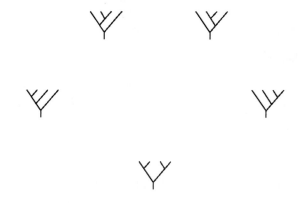

现在，为了进一步理解这个情境的内部结构，我们在每一次将一个分支的连接点从左移到右时画一个箭头，因为所有可能的树状

图结合起来看其实就是一个移动分支的过程，如下所示：

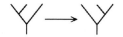

于是，我们就得到了这个五边形：

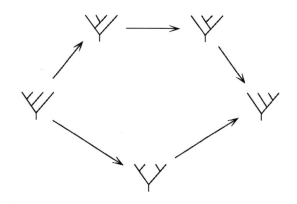

这是范畴论中一个非常有名的五边形，每当我们需要思考与用不同的方式组合事物有关的问题时，我们都会用到它。这类问题广泛存在于数学的各个领域，组合事物的方式可以是加法，也可以是许多其他更为微妙、复杂的运算过程。当我们提炼出这个结构，并把它转化为带箭头的树状图时，我们就相当于把一个代数问题转变为一个清晰地整合了所有信息的几何形状。

我们可以再玩一次这个游戏（只不过这一次可能需要付出更多的努力）——写出所有可能的包含五个叶节点的树状图，并且在每次将一个分支从左移向右时画一个箭头。如果我们仔细、正确地完成了这张图，我们就会得到一个三维形状，它包含六个五边形和三个正方形。（我知道这个答案显得十分冗长乏味，但我承认我自己很喜欢玩这个游戏。有一次我尝试着将所有可能的包含六个叶节点的树状图全部画了出来。）你可以把下图所示的图案剪下来，将其折叠成一个三维形状：

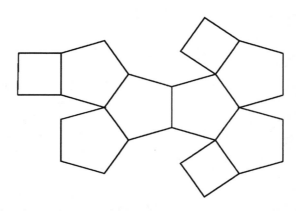

注意不要用硬纸板来做，最好是用可以稍稍弯折的纸来做，不然将五边形和正方形粘到一起就会变得很困难。

所有这些结果都来自我们对如何理解组合五种原料的不同过程的思考。这些图形都可以被推广，用来表示包含更多的叶节点的树状图，当然，你最终得到的图形本身也会变得越来越复杂。数学中有好几个领域的研究都与梳理这些复杂图形的问题有关。

一些也许相同也许不同的事物

我们来思考一下这个数字集合：

$$\{1, 2, 3\}$$

你觉得以下哪个集合是和它类似的集合？

1.{2，3，4}

2.{2，4，6}

3.{–1，–2，–3}

4.{11，12，13}

5.{101，102，103}

6.{100，200，300}

7.{13，28，42}

8.{ 猫，狗，香蕉 }

第一个集合类似于原集合，是因为它所包含的数字都只是在原来的数字上都加了 1。第二个集合类似于原集合，是因为它所包含的数字都是在原来的基础上乘了 2。第三个集合类似于原集合，是因为它所包含的数字是原集合内的数字的相反数。第四个集合和第五个集合类似于原集合，是因为它们所包含的数字分别是在原集合内的数字之上加了 10 和 100，类似地，第六个集合是把原集合内的数字都乘了 100。

那么，第七个集合呢？这是一个看起来比较随意、没有规律和组合理由可循的集合。而第八个集合甚至不是数字的集合。

值得注意的是，当我们思考哪些集合和原来的集合类似这个问题时，我们会自然地思考集合内的元素之间的关系。但实际上，在数学里，一个"集合"就是一堆我们"忘记了"它们之间的关系的元素。因此从数学上讲，所有这些集合都可以被视为"相同"，理由只有一个：它们每个都只包含三个元素。在这个情境中，这并不是一个关于相同概念的好的、有用的理解，这就是为什么在范畴论里我们会将关于事物之间关系的信息也纳入考虑。

这些集合构成了这样一个情境，其中关于"相同"这个概念的错误理解让太多的事物可以被视为相同。在其他的情境里，类似的错误理解可能并不会让那么多的事物被视为相同。比如我们在本章早些时候讨论过的树状图这个概念，对于这个概念，真正重要的结构是其包含多少个叶节点，以及所有的分支是如何被连接起来的，我们既不需要考虑分支连接起来后形成的角度，也不需要讨论分支的粗细。更多的时候，对于相同这个概念的正确理解并不像这些事物那样明显。比如下面这个数字的集合：

$$\{13, 28, 41\}$$

这个集合看起来很像上面列出的第七个集合，但这个集合和后者有一个重要的不同——它的第三个数字是前两个数字之和，而这一特征也存在于原集合之中：

$$\{1, 2, 3\}$$

在下一章，我们将讨论如何表述这样的情境，其中我们关心的不仅是两个元素之间的关系，更是多个元素之间的关系。

14

 水果奶酥

泛性质

原料

50 克冷的黄油　50 克糖（黑砂糖比较好）

75 克面粉

350 克你喜欢的水果，将所有水果切成小块

方法

1. 将面粉和糖倒入碗中搅拌。

2. 将黄油切成小块，放入上面的碗中，用手指将黄油块和碗中的混合物均匀搅拌，直到混合物变成类似面包糠的样子。

3. 把水果碎平铺在烤盘内，需要的话可以再放一点儿糖。

4. 在水果碎上铺上厚厚一层奶酥预拌粉（步骤 2 中的混合物）。

5. 将烤箱温度设定为 180℃，烤 25~30 分钟，直到成品呈棕色，看起来很好吃的样子。

　　奶酥是我最喜欢的布丁种类之一。我喜欢它是因为它做起来很简单，吃起来让人很满足。我很喜欢上层松脆的奶酥和下层柔和的水果碎因稍稍融合在一起而形成的那层口感奇妙的夹层。我最喜欢放在水果奶酥里的水果是蓝莓、李子或者香蕉。当然，你可以用任

何你喜欢的水果，虽然西瓜经过烤制后的口感可能会有点儿奇怪。或者，你也可以试试番茄？

此时此刻，你是在想"但番茄是一种蔬菜"，还是在想"搞不好值得一试"？

如果你想的是番茄应该属于蔬菜，你就是在根据番茄在你的日常饮食中扮演的角色来定义它们，而不是根据其内在属性来定义它们。实际上，从植物学的角度来讲，番茄应该属于水果。这是什么意思呢？意思是，根据番茄"在自然界中"所扮演的作为植物生殖系统的一部分这个角色，它们应该被视为水果。但是，如果我们让番茄充当水果奶酥中水果碎的原料，我们的成品可能就会有点儿奇怪。番茄奶酥不是不能做，但它吃起来可能就不像一道甜点了。

这是一个我们在日常生活中以某物在特定情境下所扮演的角色，而不是以它的内在属性来定义它的例子。如果你一直坚持称番茄为水果，或是拒绝称花生为坚果（因为它们其实是一种豆类），那么你就忽略了这些食物所处的情境以及它们与其他食物、与我们自身的关系。

研究事物在特定情境中所扮演的角色是范畴论的专长，因为范畴论一直在强调情境和事物间的关系。我们已经讨论过了，有些事物可以完全根据其与其他事物的关系来定义。比如，数字 0 是唯一一个加上它之后任何数字都不会发生改变的数字。这是范畴论致力于挖掘的一种很特别的关系，它被称作"泛性质"。

灰姑娘
唯一能穿上鞋子的人

当白马王子寻找灰姑娘的时候，他并没有到处询问路人——"呃，不好意思，你是灰姑娘吗？"因为这样一来这个故事就没有那么激动人心了。

相反，像我们熟知的那样，他带着灰姑娘的水晶鞋到处请人试穿。这一做法能够成功的关键在于鞋子很小，所以他知道只有一个人能够穿上它。

白马王子是根据灰姑娘的一些特征，而非她真正的名字来寻找她的，因为他并不知道她的名字。这就像管英国首相叫"首相"而不是"大卫·卡梅伦"一样，你是根据他所扮演的社会角色来称呼他的，而非根据他这个人到底是谁来称呼他的。

范畴论也是这样处理数学的。因为范畴论关注的是事物之间的关系，所以它会根据事物在其与其他事物的关系中所扮演的角色来定义它们。这就好像在玩"猜数字"的游戏。让我们来试试这个：

我在想一个数字。

如果我给这个数字加上 1，我就会得到 1。

如果我给这个数字加上 2，我就会得到 2。

事实上，如果我给这个数字加上任意数字 x，我就会得到 x。

那么，这个数字是多少？

或者这个：

> 我在想一个数字。
>
> 如果我让这个数字乘以 1，我就会得到 1。
>
> 如果我让这个数字乘以 2，我就会得到 2。
>
> 事实上，如果我让这个数字乘以任意数字 x，我就会得到 x。
>
> 那么，这个数字是多少？

你也许已经猜到了，第一个数字是 0，第二个数字是 1。它们都是很特殊的数字，而且正是根据我刚才所描述的那些特征来定义的。并不存在解释何为数字 1 的另外一种方法。范畴论的定义是滴水不漏的。

但是，下面这个数字呢：

> 我在想一个数字。
>
> 如果我给这个数字取平方，我就会得到 4。
>
> 那么，这个数字是多少？

也许你会很快回答道这个数字是 2。但你是否意识到这个数字也可以是 –2 呢？这个问题的难点在于它的正确答案不止一个。当白马王子去找灰姑娘的时候，他所依据的是只有一个人能穿上这只鞋的事实。而在"猜数字"的游戏里，我们依据的是只有一个数字能满足我们的描述这个事实，否则这个游戏就不公平了。范畴论试图界定事物，使得满足这种界定的事物只有一种可能性，这样我们就可以精准确定这个事物所扮演的角色了。

如果你回过头复习一下关于数字的公理的话，你就会发现我们从未说过有且只有一个可能的数字 0。这是因为如果存在这条公理的话，它就会被证明是多余的公理，因为我们可以从其他的公理推导出这条公理。

下面是我们证明数字 0 只能有一个的过程。

我们知道，对于任意数字 x，都有：

$$0 + x = x$$

现在假设有另一个数字和 0 扮演了同样的角色。因为它试图成为另一个 0（zero），所以我们称它为 Z。因为它和 0 遵循同样的规律，所以我们知道，对于任意数字 x，都有：

$$Z + x = x$$

因为该等式对于任意数字 x 都成立，所以我们可以让 $x = 0$，得到：

$$Z + 0 = 0$$

而我们知道给任何数字加上 0，这个数字都不会改变，因此等式的左边就等于 Z，于是我们得到：

$$Z = 0$$

换句话说，这个试图充当另一个 0 的数字也只能是 0。

由此，我们就证明了 0 所对应的数字特征是独一无二的，就像灰姑娘的水晶鞋一样——只有一个数字能满足这个特征描述。我们可以使用任何名字来称呼这个数字（比如 0，比如无，等等），这并不重要，重要的是，只要我们知道某个数字满足这个特点，我们就知道我们说的是同一个数字。

对于逆元素来说也是如此。我们知道，3 的加法逆元是 –3，因为二者加起来等于 0。但就这个情境而言，–3 其实是唯一满足这个条件的数字。我们可以用如下方法进行证明。

假设存在另外一个数字 Y 也满足这个条件，因此：

$$3 + Y = 0$$

然后，我们可以在等式的两边同时加上 –3（相当于在等式两边同时减去 3）。于是，等式的左边就等于 Y，右边则等于 –3，因此我们得到：

$$Y = -3$$

也就是说，如果一个其他的数字 Y 试图成为 3 的加法逆元，我们就会发现它只可能是 –3。

泛性质研究的一个重要方面是找到一个能独一无二地定义某事物的特点。这里的"泛"并不意味着这个性质对于所有的事物普遍成立。它更像是一把能打开所有锁的万能钥匙，或是一个能解开电脑上所有使用不同密码的加密文件的通用密码。在某种程度上，它是所有其他事物的最高级形式。

泛性质就像最好和最坏，或是最先和最后一样。

北极，南极
关于极端情形

北极和南极是一对令人着迷的概念。亲身前往北极或南极是追求征服高难度挑战的探险者们的一个梦想。关于北极与南极的一个有趣之处就在于我们所生活的地球没有西极或者东极。这是因为地球是以东西向而非南北向自转的。如果地球以南北向自转的话，我们就会有东西极而没有南北极了，所有的地球磁场也会转变为另一个方向。

研究极点的自然特性能帮助我们更好地理解地球，即便世界上大部分地区与南北极点完全不相像（幸好如此）——这就是为什么南极唯一的一处人类居住区就是科考站。

范畴论也试图找到每一个数学世界的"北极和南极"，即便那个数学世界的其他地区并不遵循同样的规律，因为这些极端情形能够启发我们理解这个世界的其他部分。

一旦我们明白了事物之间的关系，我们就可以寻找各种不同的极端情形，例如：最大的是什么？最小的是什么？或者最强的是什么？最弱的是什么？比如：

- 最小的集合是空集，它不包含任何元素。这个数学概念能够更准确地描述我们在日常生活中遇到的类似情形，比如，你目前手里的集邮册是空的，与你没有集邮就是不同的两件事；或者，如果你正在超市中推着一辆空的购物车，那么这与你没有购物车就是不同的概念。

- 那么最大的集合呢？无限集合是一个很有意思的概念，比较不同的无限集合，并发现其中一些比另一些在某种严格的数学意义上"更无限"是一件特别激动人心的事。

以上这些都是关于"泛性质"的例子。它们告诉我们，某些事物对于某些与其相关的系统而言是很特别的。我们并不只是在说某物很大，"大"只是一个性质。我们说的是它是最大的，或是其他某种数学版本的最高级。作为人类，我们总是为那些地球自然环境方面的最高级所吸引——最高的山、最深的海、最长的河、最高的瀑布等。这是一种以极端情形来定义我们所生活的地球的方法，它为地球上其他的自然形态提供了一个参照系。范畴论寻找数学世界中的极端情形，即便这些情形没有那么典型——因为这正是极端情形的特点之所在。

在探讨群这个概念的时候，寻找极端情形是一个很有趣的话题。不存在什么元素也没有的群，因为关于群的公理之一就是群必须包含单位元（与其他元素结合时不会使后者发生改变的元素）。这就像不存在空的意大利饺，因为意大利饺就其定义而言必须是有馅料的。总之，这条公理意味着最小的群是只有一个元素的群，而这个元素就是单位元。当你将它和它自己结合的时候，你会不断得到它自己。这就像是一个只有数字 0 的数字系统。这听起来很蠢，但接下来我们会看到，即使不是出于实用的原因，而是出于抽象的原因，这个概念也非常重要。

一种不那么显而易见但在数学上更重要的极端情形是一个范畴的"始对象"和"终对象"。我们一旦给某个范畴内的每一种关系都画上一个箭头，我们就可以说，一个始对象就是，对于范畴内的其他所有元素，每个元素都有且仅有一个箭头从它出发，指向这些元素。一个终对象就是，对于范畴内的其他所有元素，每个元素都有且仅有一个箭头指向它。因此，如果我们把箭头想象成是有方向的，那么始对象就类似于"起点"，而终对象就类似于终点。

这两个概念不等同于"最大"和"最小"，就像北极和南极并不意味着最大或最小的地域一样。它也不等同于最好或最坏。还记得那个关于 30 的因数的格子图吗？

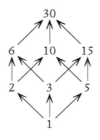

从这张图我们可以看出，最大的数字是 30，同时它也是终对

象，而最小的数字是 1，同时它也是始对象，但需要注意的是，这种重合只是一个偶然。

实际上，从那张包含复合箭头的图中，你更容易看出 30 是终对象：

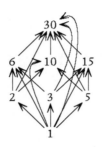

对于图中除 30 之外的任何数字，你都会发现有且仅有一个箭头从它指向 30。同样，有且只有一个箭头从 1 指向图中你所选的任何其他数字，这表明 1 是始对象。

对于一个包含所有可能的集合及其所有可能的函数的范畴，始对象就是空集（也是最小的集合），而终对象是任何有一个元素的集合——它绝对不是最大的集合。

上述说法成立的原因解释起来比较复杂。首先我们要理解这里所说的"箭头"是什么箭头。这里所说的箭头是函数，函数 AB 就是将集合 A 中的每个元素转换为集合 B 中一个对应元素的一种方式。它并非必须是一个可以写成简洁的方程式（比如 x^2）的过程；它更像一台神秘的机器，这个机器从 A 中取出元素作为输入，然后吐出

B 中的元素作为输出。如果你把这台机器拆解开来，你也许会发现它是依据某个简单的方法运作的，当然也可能并不是这样。但无论如何，这台机器如何运作并不重要，重要的是这台机器输出的是什么。

现在，如果集合 *B* 只有一个元素，那么这种机器就有且只有一种，因为只存在一种可能的输出，所以不管你从集合 *A* 里取什么元素作为输入，这台机器的输出总是一样的，无论其内部的运行处理过程有多复杂。由此可知，对于这种情况，有且仅有一个箭头从任何其他集合指向集合 *B*，这就使得集合 *B* 成为终对象。

如果集合 *A* 是一个空集，那么这种机器同样有且仅有一种。这是因为我们没有可用的输入，因此机器什么都做不了。这个过程还没开始就结束了。

就像我之前提到的，对于泛性质的讨论常常会带来危机系统的极端情况。

小池塘里的大鱼
通过迁移到别处而成为极端情形

如果你想成为某个池塘里最大的那条鱼，你可能需要搬到一个更小的池塘，在那里，比你更大的鱼住不下。如果你想根据事物的特性而非它们自己的名字来定义它们的话，你最好先确定满足这种特性的事物只有一个。比如，安排和某人在"伦敦的英国国家美术馆的咖啡馆"见面,这就是不可能的,因为这样的咖啡馆太多了,而安排和某人在"谢菲尔德的千禧画廊的咖啡馆"见面则是可行的,因为符合描述的咖啡馆只有一家。我和我的朋友就曾经给芝加哥的一间酒吧起名叫"火烈鸟",实际上它真正的名字是路易酒吧,但问题是路易酒吧是一个连锁店,有很多家分店,但只有其中一家店所在的建筑叫作火烈鸟,而且这栋建筑里只有这一间酒吧。

我最喜欢的威士忌是阿德贝哥乌干达(Ardbeg Uigeadail),有很长一段时间,我都把它叫作"阿德贝哥念不出",因为我真的不知道怎么发第二个单词的音。但我发现,如果我在威士忌酒吧向酒保要"念不出来的阿德贝哥",他们总能知道我说的是哪种酒。可惜,阿德贝哥系列最近又出品了其他念不出名字的威士忌,比如阿德贝哥 Airigh Nam beist,因此,继续用念不出来这个特性来定义阿德贝哥乌干达似乎不再那么好用了。

范畴论中也会出现类似的情形。如果你想定义的事物,有其他事物具备与之同样的特性,那么你要么把它搬去一个更小的池塘,要么想办法更精确地描述你所指的特性。一个我们会在日常生活中遇到的类似情形是,由于有太多事物都能满足某种"最高级"式的描述,于是我们不得不为这种描述加上好几个限定词。比如,"谢菲尔德的三道菜套餐在 15 英镑以下的最佳餐厅",这家餐厅不是任何地方的三道菜套餐在 15 英镑以下的最佳餐厅,也不是谢菲尔德的任意价位水平的最佳餐厅。我们既细化了对事物性质的描述,也限定了我们讨论问题的情境。

谢菲尔德是拥有"英格兰最大的没有专业管弦乐团的城市"这

一特性的城市。对于这一特性的描述，首先需要注意的是，它必须被限制在英格兰而非英国，因为格拉斯哥（位于苏格兰）也没有专业管弦乐团。其次，谢菲尔德有交响乐团，而且它自诩为"南约克郡最好的业余交响乐团"。这种说法让我觉得很有趣，我和我的朋友们在开玩笑时会说我是"南约克郡最棒的年轻女性范畴论学者"。其实我完全可以去掉"最棒"和"年轻"，因为就目前为止，我仍然是南约克郡唯一的女性范畴论学者，除非还有一些女性同行身处唐卡斯特或南约克郡的其他地方而不为人所知。

在上一章，我们探讨了关于相同这个概念的各种问题。有时候我们需要知道哪些事物在某个特定情境下是相同的，而另一些时候我们会从希望哪些事物是相同的这一假设出发，然后去寻找使它们相同的情境。对于与泛性质相关的问题，我们也会用相同的方式进行研究。有时，我们会寻找在某个特定情境下具有泛性质的事物，而另一些时候，我们会先从某个特殊的事物出发，这个事物看起来理应在某种情境下具有泛性质，然后我们就到处寻找使得该事物具有泛性质的情境，就像寻找一个更小的池塘使得我们的鱼能成为其中最大的一条一样。

接下来我们会看到这种研究方式应用于某些数字体系的示例，比如应用于自然数和整数。自然数的存在让我们感觉如此"自然"，以至我们认为它们一定应该在某种情境下具有泛性质。整数也是如此。实际上，数学家在这种比较模糊的、直觉性的情境和一些非常精准的、正式的情境中混淆使用了"自然"这个词。如果某个事物的出现对于范畴论学者来说是非常自然而然的，那么它看起来就带有一种本质性的、非强迫性的特征，并且它看起来应该在某种情境下具有泛性质。12 个小时的钟的算数看起来没有那么自然，因为我们需要先设定好钟面上时针走一圈是多少个小时，所以它并不具有真正的泛性质。而只包含 0 的数字系统虽然看起来很蠢，但它仍然是一个具有本质性的系统，因为我们并不需要进行任何人为的筛选或设定才能使它产生。同理，整数也并不需要我们做任何额外的事情就能自然产生。但整数既不是数字系统这个范畴的始对象，也不是终对象，因为只包含数字 0 的集合才是数字系统的始对象和终对象。所以为了达成我们的目的，我们必须找到另外一个情境，在那里，整数具有泛性质。我们很快会讲到这种情境具体而言是一个怎样的数字体系。

下面我们来具体阐释为什么最小的群既是始对象又是终对象。这个解释多少有些复杂，而且它需要我们理解群之间的关系是一个怎样的相对概念。如果用箭头表示群之间的关系，那么箭头 $A \to B$ 就是一种把群 A 中的每个元素对应到群 B 中的每个元素的方式（就像函数一样）。与此同时，根据关于群的公理，一旦完成了这个对应过程，那么对于群 A 中的元素成立的加法运算就必须相应地对群 B 中的元素成立。即如果群 A 中的元素 a_1 对应于群 B 中的 b_1，a_2 对应于 b_2，那么 $a_1 + a_2$ 必须对应于 $b_2 + b_2$。

此定义带来的一个结果是群 A 的单位元必须对应于群 B 的单位元。由此，如果群 A 只有单位元这一个元素，对于把它对应到哪里你就别无选择了——你只能把它与群 B 的单位元对应。此时，无论群 B 为何，从群 A 到群 B 有且仅有一个箭头，这也就意味着群 A 是始对象。

而与此同时，从群 B 到群 A 同样有且仅有一个箭头（群 A 只有单位元这一个元素）。因为你对于把群 B 中的所有元素对应到哪里同样别无选择，就像那个只有一个元素的集合的例子一样。这就意味着群 A 既是终对象也是始对象，这有点儿像生活在一个北极和南极是同一个点的世界里。

大花园
当最高级成为一种负担

有时，最大的并不一定总是最好的。拥有一座大花园也许听起来很不错，但为了照料它，你需要做很多工作；当然，如果你有足够的钱雇用一个园丁团队的话，大就不是问题了。购买一辆空间更大的车子也许听起来很吸引人，但它往往会更笨拙，更难开——除非你身在美国，在那里，其他所有人的车都很大，因此那里的路更宽，停车场更大。类似地，身高很高的人也许很适合打篮球或者换灯泡很容易，但把他们硬塞进飞机狭小的座位就不怎么愉快了。

对于数学里的很多事物来说，我们都需要在"最大"和"最实用"中进行权衡。理论上来说，"最大"的显然是好的——对它们的研究能在很大程度上启发我们的后续工作，同时这类事物本身也能充当其他事物的参照系。不过，参照系一经确立，我们的目标就转移至找到对于日常的数学研究更"实用"的事物上。

比如，一圈有 12 个小时的钟这个情境并不具有泛性质，因为我们设定了一条人为的规则，就是每当数字累计至 12 的时候，我们就要回到原点。然而，从实用性角度来讲，这个数字系统太有用了。想象一下，如果我们从来没有为时钟增加一条回到零点的规则会怎样？我们不得不在所有需要涉及具体时间的情境中给出类似于"两千九百六十二万七千四百七十三点半见"这样的描述。这实际上就是用自然数而非 12 个小时的钟这个数字系统来表示时间的版本。自然数具有泛性质，但 12 个小时的钟更实用。具有泛性质的事物更适于抽象思考。毕竟，我们在日常生活中并不真的需要所有的自然数，我们只需要知道总的来说我们不会在某一天用光自然数就好了。

不过，我们仍然需要知道自然数所具备的这个泛性质到底是什么，它总结了新的自然数可以永恒地通过数数自然而然地产生这个事实。我们马上就来揭示它的本来面目。

埃尔德什
极简主义帮助我们看清楚什么是什么

显然，保罗·埃尔德什生活中的所有事情都是为他的数学研究服务的，他没有与此目的无关的东西，也不做与此目的无关的事情。

他几乎没什么财产，而且他很少会在同一个地方待上比较长的时间。他会带着他的手提箱四处游荡，跟不同地方的不同的人探讨数学问题。他总是带着手提箱突然在某处出现，跟其他人花上几天或几周的时间讨论数学问题，然后又前往下一个他想讨论数学问题的地方。

范畴论常常试图通过事物扮演的角色来定义它们，但这个过程也可以反过来：范畴论会先想出一个角色，然后去寻找以最省力的方式满足这个角色的限定条件且不含无关要素的事物。这样一来，不仅这个角色定义了这个事物，这个事物也定义了这个角色。这就像只有丹尼尔·雷德克里夫扮演过哈利·波特这个角色，并且在一段时间之内，丹尼尔·雷德克里夫只扮演哈利·波特这个角色。直到他在《恋马狂》里出演其他角色之前，哈利·波特就是丹尼尔·雷德克里夫，并且丹尼尔·雷德克里夫就是哈利·波特。与之形成对比的是，很多演员扮演过詹姆斯·邦德，而人们很喜欢争论到底哪一个邦德才是最"权威"的詹姆斯·邦德。

有很多作曲家只写过一首小提琴协奏曲，比如柴可夫斯基、门德尔松、勃拉姆斯、贝多芬、西贝柳斯和布鲁赫。因此，我们可以没有歧义地用"柴可夫斯基的小提琴协奏曲"（或是上述其他这些人的小提琴协奏曲）来指代某一首曲子，而"莫扎特的小提琴协奏曲"可能包含很多首曲目，"舒伯特的小提琴协奏曲"则根本不存在。

但这些作曲家中的大多数也写过其他有名的作品——布鲁赫除外。很多人认为布鲁赫只写过这一首小提琴协奏曲。这并不是真的，但他写的这首小提琴协奏曲确实是他写过的所有曲目中唯一为人所知的。因此，不仅是他的小提琴协奏曲可以被他的名字定义，他自己也可以被他所写的这首小提琴协奏曲定义。

范畴论学者詹姆斯·多伦将这样的情形比喻为一个胡子太过浓密的人在街上走路，由于他本人看起来似乎完全被他的胡子主宰了，因此他的存在就好像只是为了承载他的胡子。他就是一个"行走的胡子"。

范畴论学者通常称这种极为简单的特征为"自由生存"，就像打破所有的社会常规，只靠最少的资源维持生活基本所需一样。（我的一个朋友曾在 16 岁的时候离家出走，她带走了她父母的搅拌机——一个维持生活的必需品？）

理解对于某事物来说维持其基本特征所需要的最少的资源是范畴论的一个重要目标。在这个意义上，埃尔德什是一位真正的"自由生存的数学家"，他只依靠最低限度的资源就能维持他的数学生活。无论是从字面意义还是引申意义来说，他都是一位"行走的数学家"，自始至终带着他只装有必需品的手提箱从一地走到另一地。

把"自然"放到自然数里

正是这句话引导我们看到了自然数的泛性质是什么。这个问题的答案与我们的直观感觉有着令人愉悦的相似性，即自然数就是你从 1 开始不断往上数数所自然得到的结果。

用范畴论的术语来说，这种"自然"被称作"自由"。它的基本含义是，你以某物为起始，自由地将其推进下去，除了你身处的这个情境本身的规则以外，你并不需要额外添加任何规则。

自然数所处的情境就是"幺半群"。这是一个类似于群的事物，所以我们可以以任何顺序将其中的元素相加，但对于幺半群，我们并没有设定每个元素都必须有一个逆元的规则，所以我们不需要担心负数的问题。现在，如果我们从数字 1 开始，"自由"地创造一个幺半群，我们就知道我们一定可以进行如下运算：

$$1 + 1$$
$$1 + 1 + 1$$
$$1 + 1 + 1 + 1$$
$$\vdots$$

我们知道我们如何给这些数字加上括号并不重要，但我们不能在其上添加任何进一步的规则，因为我们想自由地推进下去。没有规则。这意味着我们永远不会有任何像这样的方程：

$$1 + 1 = 1 + 1 + 1 + 1$$

或是其他类似的方程。因此我们需要做的一切就是不断地加上 1，而我们得到的就是自然数。因此自然数就是从数字 1 开始的自由幺半群（free monoid）。

如果我们要求所有的元素都有逆元，那么我们就建立了一个群，这样的话以数字 1 作为起始点，我们最终就会得到所有的整数。我们所做的基本上就是从 1 开始不断地给数字加上 1，然后给出它的负数版本。因此，整数就是从数字 1 开始的自由群。

在范畴论中，我们也可以创造出从其他对象开始的自由物体，或者从其他的集合开始的自由群。这类情境的自由是一种泛性质，它与"忘记的结构"密切相关，这个概念我们曾在关于结构的那章里探讨过。我们看到，通过"忘记"群的结构，我们得到了集合，而现在我们有了从一个集合开始"自由"地建立一个群的概念。同理，我们也讨论过环的概念，它们就像群一样，但除加法运算外还包含乘法运算。我们已经知道"忘记"环的乘法可以回到单纯的群的概念，因此同样，我们也有从一个群出发"自由"地建立起一个环的概念。忘记事物和自由地建立事物是一对相反的概念，但它们并不是彼此的逆元。它们是范畴论研究中的另外一种特殊并且更加复杂的关系。

探索更多的泛性质

1+1=2，是泛性质吗？

有时，当我告诉别人我是数学家的时候，对方会跟我说起关于一加一等于二的玩笑。他们要么告诉我这是他们唯一确定的数学规律，要么说数学就是非黑即白的，因为："一加一就是等于二，句号。"

当然，我们在本书中已经见过 $1 + 1 = 0$ 的情境了——在一个一圈有2个小时的钟上。现在让我们看看关于这个钟的想法是怎么出现的。

让我们先来将这个问题转变为一个类似的问题：$7 + 7$ 就等于14，不是吗？没错，除非你讨论的是关于一个有 12 个小时的钟的问题，在那种情况下，7 点钟过 7 小时是 2 点钟：

$$7 + 7 = 2$$

但如果我们讨论的不是钟的问题呢？假如你在思考的是一周中有几天的问题。这个问题更适合在汉语语境下来讨论，因为在汉语中，周一的字面含义就是这一周的第一天，周二就是第二天，周三就是第三天，以此类推。（不过别被我骗了：在汉语中，一周的最后一天是周日，而不是周七。）不管怎样，如果今天是周五，也就是这周的第五天，那么三天后，我们就到了周一，也就是这周的第一天：

$$5 + 3 = 1$$

或者，如果我们想要弹一首乐曲，我们就需要想明白一个小节中的节拍问题。比如，假设某个曲子的节奏是一小节四拍。那么第一小节第三拍之后的两拍就是第二小节的第一拍：

$$2 + 3 = 1$$

也许你已经想要争辩说："这不算！"从数学的角度而言，这是一个不错的反应。通常，如果某个事物不符合数学家所构建的世界的规则，数学家就会声称它不算数。但这种不算数一般而言只是暂时的。如果某个事物不符合他们构建的世界的规则，但它本身还算可以说得通，他们就会说，在这个世界里，它不算数，而之后他们就会寻找它真正能够合理存在的世界。

上述所有这些"奇怪的"加法法则在某些意义上都是可以说得通的。它们与我们一般所使用的数字系统很像，最多只能算是另一种形式的数字系统。也就是说，我们可以通过检验验证它们的确符合我们之前探讨过的关于数字的公理，比如加法的顺序不会影响结果，括号可以打开，有一个像 0 一样的数字，也有像负数一样的数字。

那么数"不"呢？孩子们在学习过程中很快就会发现，"不"可以相互抵消，于是他们迅速学会了为此开些很傻的玩笑，比如用"我不是不饿"来说明他们很饿，或者在说出"我不是不是不是不是不是不是不是不是不是不是不是不是不饿！"之后开始咯咯大笑，因为他们知道没有人能数出来他们到底是说了偶数个"不"，意思是他们很饿，还是奇数个"不"，意思是他们不饿。

在这种情况下，

$$不是不饿 = 饿$$

或者我们可以说：

$$1 个不 + 1 个不 = 0 个不$$

也就是：$1 + 1 = 0$。

这是一个完全合理的数字系统，而且它是自然地产生的，同时还有不低的实用性。在这个数字系统里，我们只有两个数字——0和1，并且它们是这样相加的：

$$0 + 0 = 0$$
$$0 + 1 = 1$$
$$1 + 0 = 1$$
$$1 + 1 = 0$$

　　就像我们之前讨论过的，我们可以画一个小的加法表格，就像
这样：

$$
\begin{array}{c|cc}
+ & 0 & 1 \\
\hline
0 & 0 & 1 \\
1 & 1 & 0
\end{array}
$$

而这个图表就和巴腾堡蛋糕的横切面图案一模一样：

　　同样的图案也会出现在电路的非门问题，或是有两个位于不同
房间的开关的灯——如果你按下其中一个开关，灯就亮了，但如果
你按下两个开关，灯就又灭了。

　　这是一个非常小的数字系统。但它是最小的吗？不是。其实
还有一个更小的数字系统，它只有一个数字：0。它的加法表是这
样的：

$$
\begin{array}{c|c}
+ & 0 \\
\hline
0 & 0
\end{array}
$$

　　这就像一个不被允许吃任何甜食的世界，确切地说，就像我

小时候因为对食用色素过敏而不被允许吃任何甜食的那个世界一样（那时候所有的甜食都有食用色素）。我的甜食世界里唯一存在的数字是 0。我们又回到了那个可能存在的最小的群，其中只有一个元素：单位元。如果我们讨论的是加法法则的话，那么单位元是 0，因为把它加到任何数字上，那个数字都不会改变。

这个系统本身并不是一个很有用的数字系统，但在范畴论里，我们不只是思考数字系统本身，我们还要思考数字系统之间的关系。

当我小的时候，我会对比自己所处的这个无甜食的世界和我所有朋友们所处的世界。我的朋友们每周五都会得到 5 便士或 10 便士的零花钱，于是他们就会去镇上的甜品店用那一大笔钱买一大包甜食。同样，在范畴论里，我们也会对比这个没有其他数字的数字系统和所有其他的数字系统。它就是数字系统这个世界里的南极。它是一个极端的数字系统，在这里，不会有什么事情发生（就像在南极一样），但它仍然是一个重要的、值得我们准确定义的系统，因为它告诉我们这个数字系统世界的极端情形在哪里。

关于距离的极端情形

我们之前也讨论过关于距离的概念，我们称其为"度量"。关于度量的极端情形是每样事物彼此之间的距离都为 1（除非所有的东西都是同一个）。对于这些抽象的距离，我们不使用单位，因此我们不是在说 1 公里或 1 英里，我们只说 1 什么。这样一来，一个每样事物彼此的距离都为 10 的度量就并不会比 1"更大"，因为我们没有单位，所以"1 什么"在抽象意义上和"10 什么"是一样的。这类情境的关键在于每样事物都不可避免地与其他所有的事物分开了。

这个关于每样事物彼此之间的距离都为 1 的情境听起来也许有些令人茫然，但我们可以验证它是满足关于距离的三条法则的：

1. 如果 A 和 B 相等，那么从 A 到 B 的距离只能是 0（否则的话这个距离就只能为 1）。

2. 从 A 到 B 的距离与从 B 到 A 的距离相同（因为要么它们是相同的地点，那样的话距离就为 0；要么它们是不同的地点，那样的话距离就为 1）。

3. 三角不等式——这一条检验起来比较复杂，但它也是成立的。

如果我们把从 A 到 B 的距离写成 $d(A, B)$，那么我们需要证明的是：

$$d(A, C) \leqslant d(A, B) + d(B, C)$$

我们可以画一张包含所有不同情况的表格：

	$d(A,B)$	$d(B,C)$	$d(A,B)+d(B,C)$	$d(A,C)$
$A = B = C$	0	0	0	0
$A = B \neq C$	0	1	1	1
$A \neq B = C$	1	0	1	1
$A \neq B \neq C, A \neq C$	1	1	2	1
$A \neq B \neq C, A = C$	1	1	2	0

我们需要检验的是最后一列总是小于等于倒数第二列。如上表所示，事实的确如此。

另外一种检验这个不等式的方法是反证法。假设存在 A、B、C，使三角不等式不成立，也就是说，有：

$$d(A, C) > d(A, B) + d(B, C)$$

我们的目的是"希望最坏的结果出现"，或者说希望某种矛盾出现，这样一来，这个不等式就不可能成立了。

现在，由于所有的距离不是 0 就是 1，因此不等式的左边只能是 0 或者 1，不等式的右边只能是 0、1 或者 2。因此不等式左边比不等式右边大的唯一可能性是左边为 1 而右边为 0。但右边为 0 的唯一可能性是右边的两段距离都为 0，这就意味着 $A = B = C$，也就是说左边也为 0。这样一来，不等式的两边就相等了，也就与我们的假设矛盾了。

你觉得这两种证明方式哪一种比较容易理解？哪一种更让人满意？

这种度量叫作"离散度量"，因为它让所有的事物都分散开来。没有哪两样事物离得很近，每样事物之间的距离是一样的。（也许这是一个可以瞬间移动的度量，所有的地点对其而言都一样容易到达？）我知道这个度量看起来实在有些奇怪，但这种观感对于具有泛性质的事物来说并不是偶然——因为它们是事物的极端情况，所以它们要么挤成一团，要么分散得很开。

你也许会好奇有没有一个"可能存在的最小的度量"，其中所有事物彼此之间的距离都为 0。答案是肯定的，只不过这意味着其中所有的事物都等同于其他事物。它是又一个挤成一团，而不是分散得很开的系统。

范畴中的极端情形

你也许会好奇，在范畴这个系统内部是否也存在类似的极端情形。答案是肯定的。

可能存在的最小的范畴是空的范畴，就像可能存在的最小的集合是空集一样。类似地，就像空集是集合的始对象一样，空的范畴也是范畴这个系统的始对象。这个系统的终对象是只有一个元素和一个箭头的范畴，我们之前曾看到过它：

这个范畴就像是把一个作为终对象的集合与一个作为终对象的群融合在了一起。

之所以如此，是因为范畴之间的关系这个相对概念就是我们之前讨论过的集合的概念和群的概念的融合。要从一个范畴到另一个范畴，我们不只需要把前者的每个元素对应到后者的每个元素，还需要把前者的每个箭头对应到后者的每个箭头，并且在后一个范畴中箭头的复合必须与前一个范畴相对应，就像我们对群进行这种操作时，加法也必须符合这种对应规则一样。因此，如果我们试图从范畴 A 对应到上面那个小的范畴，那么我们别无选择——A 中的每个元素必须对应到上面那个范畴所拥有的唯一元素 x，A 中的每个箭头必须对应到上面那个范畴的恒等箭头，因此上面那个小范畴就是终对象。

为了更深入地理解范畴这个概念，试着想象一下将下图左边这个三角形所表示的范畴对应到右边这个小的范畴：

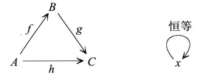

我们需要输入 A、B、C 和 f、g、h，而输出的只能是 x 或恒等态射。当我们输入某个物体时，我们就一定会得到某个物体作为输出。这意味着在此例中，如果我们输入 A、B 或 C，我们必须得到输出 x。当我们输入某个态射时，我们也必须得到某种态射作为输出，因此当我们输入 f、g 或 h 时，我们就必须得到恒等态射作为输出。因此，从左边的大的范畴到右边这个小的范畴只可能存在一种"态射机器"。无论第一个范畴有多大，这个结论都是成立的。这表明这个小的范畴就是终对象。

我们也有具有泛性质的范畴，就像我们之前讨论的离散度量

（其中每样事物与其他所有事物的距离都是 1）一样。范畴版本的这种情形是一个"离散范畴"，其中从每样事物到其他事物都没有箭头——所有的事物都是完全无关、彼此独立的。

然而，与度量有所不同的是，我们还有这种范畴的"反"范畴，其中每样事物与其他所有事物都是相关的，同时并不相同。在这种范畴中，从每个事物到其他所有事物有且仅有一个箭头，这叫作"非离散"（indiscrete）范畴或密着范畴。[注意英文单词的拼写——不是 indiscreet（吐露秘密）而是 indiscrete。] 这是一个在数学领域以外很少被用到的词，它的意思是事物并非彼此分开、相互独立，相反，它们完全没有彼此分开。这并不意味着它们都是同一个事物，而是说他们在这个特定情境下是等价的。在关于友谊的那一章里，那个联系非常紧密的朋友圈的图示就是一个非离散范畴的例子。那张图中的"朋友"并不是同一个人，但是他们在某种意义上是等价的，因为他们可能都知道一些关于彼此生活的相同细节——没错，就是那种你一旦告诉了其中一个人某件事，就等于告诉了所有人这件事的朋友圈。

找到范畴论里的一个泛性质不仅意味着你能从中知道关于所探讨的某个数学对象的一些重要特征，而且意味着你可以寻找在其他情境下具有相同泛性质的事物。不仅如此，它还给了你一个对比这些不同情境的有趣视角。它让你有机会做一件数学家通常会非常感兴趣的事——通过寻找共性来同时研究一系列不同的事物。

以下是一些关于不同事物所具有的相同的泛性质导致其在数学上具有可比性的例子。

- 我们可以用看待数字加法的方式看待集合的并集，也即用前面两个集合里的所有元素构造一个新的集合。我们也可以用同样的视角看待数字的最大公因数，以及把两个曲面粘在一起得到新曲面的过程。这些事物都是某种形式的余极限，也就是说，它们具有某种共同的泛性质。

- 我们可以用看待数字乘法的方式看待笛卡儿坐标系（包含一个 X 轴和一个 Y 轴），以及找出两个数字中较大的或较小的数的过程，还有我们之前讨论过的通过用一个圆在空中画一圈得到一个甜甜圈形状的过程，以及迭代巴腾堡蛋糕。

- 我们可以以同样的方式看待自然数和整数，但与之相对的是，我们不能以同样的方式看待实数，它们确实是不同的数字系统。

自然数和整数都是自由产生的结构。我们可以从数字 1 开始，通过不断加 1 的方式得到所有的自然数。我们也可以从数字 1 开始，通过不断加 1 和减 1 的方式得到所有的整数。但我们没有办法从某个数字开始，通过某种操作得到所有的实数——你注定会漏掉某些实数，即便你是从一个无理数开始的。

范畴论是这样看待这个问题的：自然数组成了一个满足加法公理的幺半群。整数组成了一个满足加法公理的群。实数组成了一个叫作"域"（field）的东西——其中所有非零元素都可以进行加法、减法、乘法和除法运算。问题是

关于所有幺半群的范畴和关于所有群的范畴都有具有泛性
质的元素，而关于所有域的范畴并没有这样的元素。

　　泛性质给了我们一个提示，它告诉我们如何进行从一个领域到
另一个领域的数学交流。就像英国的首相跟美国的总统多少有些类
似一样，我们在不同的数学领域寻找相对应的具有相同泛性质的元
素，目的是理解某个数学领域内的元素之间的关系，以及两个领域
之间的种种关系。

　　上面所列出的某些具有相同泛性质的例子可能看起来会比另外
一些例子更加明显地相似。范畴论很让人感到满足的一点就是，你
可以不断地进行抽象，让越来越多的事物变得"一样"，从而把它
们放在一起研究。实际上，在范畴论学者之间就有这么一个关于该
话题的笑话，它来自范畴论创立者之一，桑德斯·麦克兰恩所写的
那本《给数学家的范畴论》中的一个点评：

　　　　所有的概念都是 Kan 扩展。

　　Kan 扩展是某个具有特定泛性质的事物。麦克兰恩的主张是，
不仅每样事物都可以通过某种泛性质来理解，而且每样事物都可以
通过同样的泛性质来理解。这相当于一个数学中的大一统观点。虽
然这句话多少有些玩笑的意思，但它也阐明了范畴论的核心。

15

范畴论是什么

我们在本书前半部分说过，数学的目的是变困难为简单。而我们现在已经看到，范畴论是关于数学的数学。因此，范畴论的目的是变困难的数学为简单的数学。

在本书的后半部分，我们讨论了范畴论达成这一目的的不同方式。现在，我想以一个范畴论学者的方式来总结范畴论：适合范畴论的那只水晶鞋具体指的是什么？也就是说，与其讨论范畴论是什么，不如讨论它扮演了怎样的角色。

真理

人们通常认为数学是非黑即白的。这种说法是不对的——即便一个数学陈述是对的，它也可能是好的或是坏的，有启发性的或是无启发性的，有用的或是没用的，等等。

然而，这个非黑即白的说法也不是完全没有道理。数学的一条重要特性就是，因为它是纯粹由逻辑构建起来的，所以当某个陈述在逻辑上是正确的时候，所有的数学家都会马上同意。这与其他的研究领域很不相同，在那些领域里，人们可以就相互对立的理论永远地争论下去。就像哲学家迈克尔·达米特在《数学哲学》（*The*

Philosophy of Mathematics）里说的：

> 数学一直在稳步前进着，而哲学仍在它从一开始就遇到的问题那里困惑不解，徘徊不前。

数学事实比其他种类的事实有一种更高的地位。我们此前已经说过，科学家十分尊崇所谓的科学的方法、实验的方法，以及基于证据的知识，也就是那些从已有的确凿证据中推导出来并且可以反复验证的事实。但数学与之完全不同。数学不使用证据，因为证据在逻辑上并不是滴水不漏的。证据是科学的基础，但它不足以为我们带来数学的真理。这就是为什么数学既可以被视为科学的一个分支，也可能被认为与其他的科学体系有所不同。

数学使用"逻辑的方法"，事实仅由不掺杂主观情感的、清晰的逻辑推导出来。数学真理被一致认同的原因在于证明过程：所有的结论都是经过严格论证的，一旦某个结论被证明了，它就不能被反驳。如果你在证明过程中发现了一个错误，那就意味着这个结论从一开始就没有被证明。感谢"证明"这个概念，它让我们掌握了一种完全不可驳斥的方法，用以区分在数学中什么是真的，什么不是真的。我们怎样才能知道某事为真呢？我们证明它。

……我们真的是这样做的吗？

形式数学证明的好处在于，它剔除了论点中的直觉部分。你不需要猜测某人试图说的是什么，也不需要费力解读他们的话，倾听他们语调的变化，或是仔细观察他们脸上的表情，并回应他们的身体语言。你不需要考虑你与他们的关系的性质、他们当时所承受的压力、他们可能喝醉了的事实，或是他们过去的经历对他们现在行为方式的可能影响。你不需要想象某事看起来是什么样子的，你不需要想象八维空间，或是 200 万个苹果堆成一堆会是什么样子，或是身处北极会有怎样的感觉。所有这些会引发种种问题的细节都被剔除了。

而形式数学证明的问题恰恰就是所有这些细节的缺失。这些会引发问题的细节并不是无用的，它们的作用能够体现在另外一些方面。它们有助于我们从个人的角度理解事物。你也许认为数学不应该讨论个人观点，但最终，所有的理解都是个人观点。这就是理解和知道的差别。形式数学证明也许是严丝合缝的、清晰无误的，但它们很难被理解。

想象一下被一步一步引领着穿过一个黑暗的森林，而你对于你所走过的路线完全没有概念。如果你在这条路的起点被引领者丢下了，你就会找不到出去的路。然而，如果有人能一步一步地带着你走，你就可以穿过黑暗，走到森林的另一边。

数学家和学数学的学生都有过在阅读一个证明时突然意识到"呃，我明白每一步是怎么由上一步推导出来的，但我不明白它总体上讲的是什么"的经历。我们能看懂一个正确的证明，并且完全确信证明中的每一步都是遵循逻辑规则的，但我们可能仍然无法理解整个证明。这里有一个关于一个看似无关紧要的事实的纯粹的形式证明：任何命题都蕴涵（imply）它自身。注意这里的"imply"指的是逻辑蕴涵。在数学逻辑里，蕴涵一词的用法和其在日常生活中的用法不同——前者要严格很多。"A 蕴涵 B"指的是如果 A 成立，那么 B 必然成立，毫无疑问。而在日常生活中，我们会在说"你是在暗示（imply）我是傻瓜吗"这样的句子时使用这个词，在这里，这个词更多是指暗示或含沙射影的意思，而非指某事是确凿无疑的事实。

回到我们刚刚提到的任何命题都蕴涵它自身这句话。这句话的意思有点儿像事物与它自身等价，因此其最显而易见的表达式就是：

$$x = x$$

因此，这个表达式对于逻辑上的蕴涵想必也是适用的。比如：

- 如果我是女孩，那么我就是女孩。
- 如果天在下雨，那么天就在下雨。
- 如果 $1 + 1 = 2$，那么 $1 + 1$ 就等于 2。

然而，这个陈述的严格证明复杂得近乎荒谬。在如下所示的表达式中，箭头符号指的是"蕴涵"。以下是关于任何命题 p 都蕴涵它自身的完全严格证明，其中我们用到了形式逻辑的公理。

证明（$p \Rightarrow p$）

$(p \Rightarrow ((p \Rightarrow p) \Rightarrow p)) \Rightarrow ((p \Rightarrow (p \Rightarrow p)) \Rightarrow (p \Rightarrow p))$

$p \Rightarrow ((p \Rightarrow p) \Rightarrow p)$

$(p \Rightarrow (p \Rightarrow p)) \Rightarrow (p \Rightarrow p)$

$p \Rightarrow (p \Rightarrow p)$

$p \Rightarrow p$

我承认，我本人认为这个证明非常令人激动且让人满意，不过就连数学家也未必同意我的看法，因此如果你们觉得整个证明不知所云，我深表理解。我把它写在这里，目的是让你了解就连那些最基本的逻辑命题也可能需要看上去如此复杂的证明过程这一事实。非数学家往往认为他们永远不会理解数学家做的事，但很多时候数学家也不能彼此理解。这个证明真的说服了数学家所有的命题都蕴涵它自身吗？不，当然没有。

那么，如果证明本身仍然不能说服他们相信这是真理，什么能呢？

真理的三位一体

还有一样东西能说服数学家相信它是真的。我认为这样东西可以被称为启发。

在此，我想先来讨论一下真理的三个方面或三种形式：

1. 相信
2. 理解
3. 知道

这有点儿像圣保罗大教堂的三个拱顶。所谓"知道"，类似于那个能从教堂外直接看到的拱顶；所谓"相信"，类似于那个我们从教堂内部看到的拱顶；而所谓"理解"，就类似于那个把内外两个拱顶有机结合在一起的拱顶。

真理的这三个方面或三种形式之间的相互作用十分复杂，我们可以用一个文氏图来表示它们：

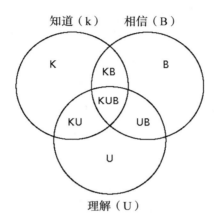

我将每个重叠的部分进行了标注，所以我们有：

KUB：我们知道、相信并且理解的事物。真理中正确性最有保障的部分。

KB：我们知道并且相信，但并不理解的事物。这包括必定为真的科学事实，哪怕我们不能理解它们，也不影响它们的真实性。比如，我并不真的知道重力是如何起作用的，但我知道并且相信它一直在起作用。我知道并且相信地球是圆的，但我并不理解为什么地球是圆的。

B：我们相信，但并不理解，也不确切知道的事物。这些事物是我们的公理，是其他事物的源头——是我们无法用其他事物来证明的事物。比如，对我来说，爱和生命的宝贵就是这样的事物。我相信爱是一切事物中最重要的那个。我解释不出来为什么，我也不能说我知道它肯定是真的，因为我甚至并不确切知道爱的真正含义。

我们还有其他的部分，但这些部分理解起来就比较复杂了：

K：我们知道，但并不理解和相信的事物。这可能吗？我想，如果你经历过突如其来的悲剧或心碎事件，你也许能理解这是一种怎样的感受。在你被告知某个噩耗后那段情感麻木的日子里，你在理性上知道这件事已经发生了，但你就是没办法相信它发生了，你无法接受它是真的，并且你一点儿也不理解它为什么发生。也许极端的正面情绪也会给人这种感觉。比如，如果我中了彩票头奖，我很可能在一段时间内知道它发生了，但并不理解或者相信它发生了。中了"爱之彩票"也是如此，你可能无法相信你会有这样的好运。

KU：我们知道和理解，但并不相信的事物。也许这就是悲伤的下一个阶段，那时我们已经明白悲剧真的发生了，但我们还是不能相信这件事，你会试图否认已经发生的事实。除此特殊情况，通常而言，知道并理解某事总是会让我们从心底相信它是真的。

最后，下面这些部分我怀疑并不真正存在：

U：我们理解，但并不知道和相信的事物。

UB：我们理解且相信，但并不知道的事物。

我认为，理解某事却并不知道它这种情况是不可能的（或者不合理的）。在这个意义上，理解就与真理的另外两种形式有所区别，因为另外两种形式是可以独立存在的。在上面这张图中，真理只沿着一个方向流动——从理解流向所有其他的部分。

当然，这一切都取决于我们如何定义这些概念。但请你先试着想一下你所相信的事物。以下是一些你可能相信的事物：

- $1 + 1 = 2$
- 地球是圆的。
- 明早太阳会升起来。
- 北极很冷。
- 我的名字是郑乐隽。

你为什么相信这些事情？也许你觉得你理解为什么 $1 + 1 = 2$，除了那些它不成立的情境，就像我们之前讨论过的那些例子。如果我们探讨的是自然数或整数的话，$1 + 1 = 2$ 成立的原因主要在于，这就是数字 2 的定义。但如果我们探讨的是一圈有 2 个小时的钟的算数问题，也就是整数模 2 的话，我们就有 $1 + 1 = 0$ 了。

但地球为什么是圆的呢？明早太阳为什么会升起来呢？北极为什么冷呢？这些是我们大部分人都知道但并不真正理解的事实。我认为我们所掌握的很多科学知识都是如此——我们相信它们是真的，是因为我们信任的人告诉了我们这些。我们出于信任，或是出于对权威的服从接受了它们。

我的名字为什么是郑乐隽（如果事实的确如此的话）？这件事解释起来比较容易。假设这的确是我的名字，那么我叫这个名字是因为我爸妈为我选择了这个名字。但你是否会选择相信这件事呢？你会仅仅因为本书封面所写的作者姓名就相信这件事吗？还是你需要查证我的出生证明才会相信？（我希望你不会这么做。）这些问题更复杂一些。你也许会在并不确切知道一件事是否为真的情况下就相信了这件事。

理解是知道和相信之间的桥梁。我们最终的目的是让越来越多的事物被纳入图表的中心部分，也就是知道、理解和相信三者重叠的部分。

以下是一个关于知道与理解的区别的数学例子。假设你在试图解这个方程：

$$x + 3 = 5$$

也许你记得你可以"把 3 挪到等式的另一边，并变加为减"。于是下一步就是：

$$x = 5 - 3$$

于是我们得到 x 等于 2。

然而，知道我们可以用这种方式解方程不等于我们理解了为什么这种方法好用。为什么我们可以这样解方程呢？原因是等式的左右两边是相等的，因此我们可以对等式的两边进行同样的运算，而它们仍然会是相等的。现在，如果我们想要等式的一边只有 x，也就是说，我们想去掉等式左边的 3 的话，我们应该怎么做呢？我们可以减去 3。但等式的左边减去 3，意味着等式的右边也要减去 3，这样才能保持等式继续成立。因此我们实际上做的就是：

$$x + 3 = 5$$

$$x + 3 - 3 = 5 - 3$$

$$x = 2$$

理解某种方法的工作原理而非仅仅知道可以使用这种方法，能让我们将业已习得的知识迁移到其他情境。

口袋里的钱还在吗？

记得我们在第 4 章讲过的奇怪的"塞钱入你袋"的例子吗？你口袋里有一张 10 英镑的纸币。有人偷了你的钱，而之后又有人把一张 10 英镑的钞票放进了你的口袋。由于对这一切毫不知情，你相信你的口袋里始终有一张 10 英镑的纸币。

但你真的知道你有吗？也许你检查了一下口袋，发现 10 英镑的钞票还在那里。这时，你不仅相信，也知道了你的口袋里有一张 10 英镑的钞票。

但是，直到有人告诉你整件事情的来龙去脉，你才能真正理解为什么你口袋里有一张 10 英镑的钞票。

为什么？为什么？为什么？

小鸡为什么要过马路？

理解的核心是"为什么"。为什么某件事是真的？从人性的角度而言，"因为我们已经证明过它了"并不是一个令人满意的回答。为什么玻璃杯碎了？你可以回答"因为我把它摔在地上了"，也可以回答"因为玻璃分子的分子键断裂了"。我们都在机场候机大厅听到过"对飞机需要晚点起飞我们表示抱歉。这是因为到港航班的延迟……"当然，还有那个经典笑话：小鸡为什么要过马路？有时候，问"为什么"就像是在问某个故事的寓意是什么一样。

让我们试着问一些数学方面的为什么：

- 为什么三角形的面积等于底乘以高的一半？
- 为什么负的负一等于一？
- 为什么零乘以任何数都等于零？
- 为什么圆的周长与直径的比值是固定的（等于 π）？
- 为什么 π 的小数部分是无限的？

现在，让我们试着回答这些问题。对于直角三角形，我们很容易理解它的面积应该如何计算，因为它的面积显然是长方形面积的一半：

但对于一个更不规则的三角形，如下所示：

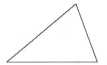

那我们就需要更聪明地将它填到一个长方形里，就像这样：

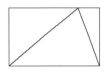

然后我们可以尝试着弄明白为什么这个长方形中除所求三角形外的两个部分可以被拼成一个和所求三角形一样的形状，如此我们就证明了该三角形的面积也是长方形面积的一半：

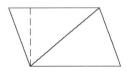

这很有说服力，但这并不是一个证明。

对于第二个问题，我们可以用关于数字的公理来证明它，如下所示。

---

x 的加法逆元被定义为 $-x$，也就是说：

$$-x + x = 0$$

并且符合这个特性的数字总是只有一个。现在我们需要证明 1 是 -1 的加法逆元。也就是说：

$$1 + (-1) = 0$$

这个等式是成立的，因为 -1 是 1 的加法逆元。

这个证明过程在数学上是正确的，但并不是很有说服力。如果我用"在某数前面加上负号就相当于将其转向反方向，而如果把它反转两次，它就又回到了原来的方向"这样的话来论证，你会觉得更有说服力吗？这个论证完全不数学，但是可能会更有说服力。也许我们应该换一种论证方式：当我们有 $a + b = 0$ 时，这个等式就告诉了我们 a 和 b 是彼此的加法逆元，也就是说：

$$a = -b，且 b = -a$$

我们知道 -1 是 1 的加法逆元，因此我们可以使 $a = -1$，使 $b = 1$，于是我们就得到了 $a + b = 0$。因此，我们可以下结论说 $b = -a$，在此处就表示：

$$1 = -(-1)$$

这和之前的证明在本质上是一样的，只是写得没有那么简洁优雅。那么，你会认为这个论证更有说服力吗？

关于 0 乘以任何数都等于 0 的问题，我们同样有一个非常数学，的但比起前一个陈述的论证看起来更没有说服力的证明，它源自这样的公理：

假设 x 是任意实数，则：

$0x + 0x = (0 + 0)x$ …… 遵从分配律

$\quad\quad\quad\ = 0x$ …… 遵从 0 的定义

等式两边同时减去 $0x$，我们就得到了 $0x = 0$。

我们在前文曾经提到，"0 不能做除数"这句话的含义其实是

"根据公理，0 没有乘法逆元"。但根据所有这些基于实数的公理所进行的证明，并不是在试图证明为什么这些事情成立。这些证明只是为了检验我们感觉应该成立的事情根据我们所选择的公理的确成立。它并没有给出关于任何事的解释。

关于圆的问题我们可以用微积分来证明，但你也可以这样说服你自己：圆的周长和直径都是长度，当你把一个形状按比例进行缩放的时候，它的所有长度之间的比值是不变的。

至于 π 的小数部分是无限的这个问题，你也许还记得这是因为 π 是无理数。但 π 为什么是无理数呢？我还没有找到关于这个问题的足够有说服力的解释，除了你可以这样理解：因为圆的边是弯曲的，而圆的直径是直的，如果它们的比是一个有理数的话，就会显得有些过分巧合了。

> 其实有些有理数的小数部分也是无限的，比如 1/9 也就是 $0.1111111\cdots$，但与无理数不同的是，这类有理数的小数部分是无限循环的，而如 π 或 $\sqrt{2}$ 之类的无理数，它们的小数部分是无限不循环的。

你可以一直这样问下去，因为总会有一个新的层面的"为什么"可以问。每个孩子都知道"为什么"其实是一系列数量无穷的可以用来烦扰大人的问题。

举出上述这些例子的目的是想说明，如果你想知道为什么某个数学事实成立，那么数学上的证明通常不能真正说服你它为什么成立，而只能说服你它确实是成立的这个事实。下一节我们将讨论二者的主要区别。

证明与启发

证明具有社会学层面的意义，而启发则更多地针对个人发挥作用。

证明是用来说服整个社会的，而启发是用来说服我们的。

在某种意义上，数学就像一种情绪，无法用语言精准描述——它发生在个体的内部。我们将这些数学知识书写下来，仅仅是为了与他人交流我们的所思所想，并希望他们也能够在他们自己的头脑里再次体验这些情绪。

当我研究数学的时候，我常常感到我需要研究两次——第一次在我自己的头脑里，第二次将它转换或者翻译成一种我可以用来与所有其他人进行交流的形式。这就像你想跟某人说些事情，这些事在你自己的头脑中显得无比清晰，但是你发现你没办法很好地用语言表达它。这种转换或翻译绝非无足轻重。为什么我们要翻译呢？为什么不就坚持那种足够有启发性、说服力的陈述呢？

1. 启发很难界定。
2. 不同的人对于什么事物富有启发性有不同的看法。

因此，启发本身并不是一个很好的数学归类工具。毕竟，数学研究的目的并不只是说服我们自己这些事情成立，我们的最终目的是增进我们对周围世界的认识，而不仅仅是堆积只能存在于我们自己头脑里的那些知识。

真理之圆

接下来，我希望通过这三种形式的真理之间的转换关系来描述数学活动。

在数学里，"知道"某事来自对某事的证明。通过证明，我们意识到某事为真。一般而言，数学研究的终极目标被认为是证明定理，也就是说推动未经证明的事物进入"已证明领域"。但我认为，数学研究的一个更深入的目的是推动未被相信的事物进入"已相信领域"——被越多的数学家相信越好。那么，我们如何做到这一点呢？如果我已经证明了某事成立，我怎样才能相信它成立呢？这就好像除了根据证明过程进行一步一步的推导，我还能找到其他对我来说足够有启发性的理由来相信它。而一旦我相信这件事，我又该如何说服其他人相信它呢？我会给他们看我的证明过程。

我们需要用证明让我相信的事物变成其他人也相信的事物：

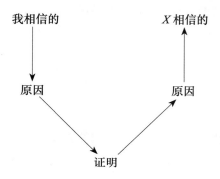

因此这个过程是：

- 从一个我相信并希望能与 X 交流它的事实入手。
- 我找到一个它得以成立的原因。
- 我把这个原因转变为一个严格的证明。
- 我把证明拿给 X 看。
- X 看了证明，并把这个证明转换成一个有说服力的原因。
- X 将这个真理纳入其"已相信真理"的范畴。

其实，这个过程更像一个真理之谷，而非真理之圆；我不推荐直接从（你的）相信飞到（其他人的）相信。我们都见过试图通过大喊大叫来直接传递真理的人，而显然这种做法不怎么奏效。

那么，如果直接传递真理是不可行的，我为什么不能直接把真理成立的原因给 X 看呢？这种做法省略了这个过程中也许是最难的两部分：把一个原因变成一个证明，再把一个证明变成一个原因。

答案是：原因比证明更难表达。

我认为，证明的核心特点不是它的不可驳斥性，而是它在转换过程中的稳定性。证明是把我的论点向 X 表达的最佳媒介，它既不会造成模棱两可，也不会引起误解或混淆。证明是人与人沟通数学知识的桥梁，只不过位于桥梁两边的人都需要先完成翻译的工作。

当我阅读其他人的数学研究时，我总是希望作者会附上一个原因而不只是写出证明过程。这种做法的好处是巨大的。不幸的是，绝大部分的数学知识都是以从未付出任何努力去启发读者的方式被教授的，甚至更糟，有时候你可能连一个解释都得不到。而即便附带了解释，也并非每一种解释都对读者有所启发。比如，之前我们提到过，当你开始学习解这样的方程时：

$$x + 2 = 5$$

也许有人曾告诉你，就像有人曾告诉我的一样："你可以把 2 移到等式的另一边，然后把加号变成减号。"于是你就得到：

$$x = 5 - 2$$

所以：

$$x = 3$$

这个过程是正确的，但并不是很有启发性。为什么我们可以用将某一项从等式的一边移到另一边并改变运算符号的方式让等式继续成立呢？从表面上看，一种解释的方法是，在移动加号的过程中，当加号穿过等号时，它的竖线被等号卡住了，所以 + 就变成

了 -。这显然是一种很荒唐的解释,因为它在将减号项移动到等式另一边转变为加号项时就不成立了。这是一种启发性为零的解释。

据我所知,至少在英国和美国,很多人在儿童时期都很反感数学,这也许就是因为,在学校里,数学是作为一套他们应该相信的事实和必须遵循的法则被教授的。

你不应该问为什么,而且你错了就是错了,没有什么其他可解释的。相信和规则之间那个重要的过渡环节被忽略了,这个环节就是具有启发性的解释。一个经过充分解释的、富有启发性的方法会减少很多困惑、强迫性和恐惧。

但是否每个数学事实的背后都有一个具有启发性的解释呢?也许并不是,就像生活中不是每件事都有一个足够有说服力的解释一样。有些事情的发生是如此令人难以置信或者如此令人悲痛,对于这些事情,我们不可能给出任何一个能让人轻易接受的解释。

范畴论试图启发我们更好地理解数学。事实上,范畴论可以被视为一种阐释数学的普适性方法——它致力于解释、阐明,启发学习者达成真正的理解,这就是它的全部工作,它所扮演的角色,或者说,这就是只有它可以完美适配的水晶鞋。我并不是说范畴论能够解释数学里的所有问题,毕竟数学也不能解释世界上的所有问题。

对于小学生、中学生和大学生这个"国度"的公民来说,数学看起来就像一个有着严苛规则的专制国家。小学生和中学生会努力尝试着遵守规则,但仍然会时不时地被突然告知他们破坏了规则。他们并不是故意的——大多数算错数学题的学生并不是故意的，他们真的以为他们写的是正确答案。但之后他们会被告知他们破坏了规则，将要接受惩罚——被判为错误、扣除分数对他们来说就是一种惩罚。也许从没有人告诉过他们到底是哪里出了错，更确切地说，也许从没有人以一种能让他们理解的方式告诉他们是哪里出了错。结果是，他们不知道自己下一次又会在哪里打破规则，于是他们只能在对惩罚的恐惧中蹒跚前进。最终，他们只想逃到一个更加"民主"的地方去，一个很多不同的观点都可以成立的领域。

老话说，"知识就是力量"。但我认为，理解是更强大的力量。我们已经走过了知识只是一小拨人才能理解的神秘之书中的秘密的年代。我们已经离开了书籍稀缺、目不识丁者要受书籍拥有者支配的年代，那时，追求知识的学生必须追随着一个能将书读给他们听的人，一位"讲师"（lecturer）——这个词的本义指的就是读书者，而不是什么以绝对权威的姿态向听众布道的上位者。总之，我们早已远离了那个年代。

现在的我们正身处一个被信息包围的时代。虽然识字率仍有提升的空间，但大部分成年人都有阅读的能力，并且在很多国家，成年人都可以使用互联网。智能手机更是让我们中的许多人可以将互联网随身携带。知识不再是秘密，但理解仍然是秘密，至少在数学领域里仍是如此。各个学力水平的学生都只被教授了规则，而没有被告知原因。我们鼓励孩子们问为什么——但只鼓励到某个阶段，因为过了那个阶段，我们自己可能也不理解了。而由于我们自己无力提供解释，我们就压制他们寻求解释的诉求。我认为，与其恐惧于那种未知的黑暗，不如带领所有人来到黑暗边缘，然后说："看！这是一个需要阐明的领域。"记得带上火种、火炬、蜡烛——你能想到的任何能带来光明的东西，然后在此打好地基，建造我们的大楼，医治疾病，发明很棒的新机器，以及做其他所有我们觉得人类应该做的事情。这一切的前提，只是一缕点亮黑暗的火光。

致谢

我有太多人要感谢了，我甚至在想，是不是干脆谁也不感谢也比漏掉某些人要好。但这样的话我可能就是在钻逻辑的牛角尖了，而这种做法我本人可不提倡。

所以，首先我要感谢我的朋友们以及我在范畴论这个研究领域的合作者们。与他们在数学或非数学方面的对话一直是我的灵感来源。他们中的一部分人可能会在本书的字里行间读出他们在哪些地方被我暗暗地感谢了。我还要感谢我的那些非数学家朋友，他们对我的书足够感兴趣，多年来是他们迫使我反复练习用比喻、逸事以及学术语言以外的所有其他方式来解释我所书写的数学对象的。

感谢我的朋友和家人，我将关于他们的有趣故事或是他们关于生活的洞察写进了本书，其中一些标注了姓名，另一些则没有，他们是：我的母亲、父亲（甜甜圈、彩虹圈和纽结的照片都是他提供的），我的妹妹，我的小侄子杰克和连恩，还有泰丁宁、努·萨罗－维瓦、布兰登·福格尔、詹姆斯·马丁、迈克·米歇尔、西莉亚·科布、卡拉·罗德、玛丽娜·克罗宁，已经过世的尊敬的菲利普·格里尔森教授，以及詹姆斯·弗雷泽、詹姆斯·多伦、阿玛妮亚·家本桃修，还有本科一年级的学生弗兰克·卢安，本书开头所引用的信就是他写给我的。

我想感谢所有没能理解某个数学概念的我的学生，因为这样我就不得不想办法将它们解释得更清楚。感谢我在 Profile 出版公司的代理人黛安·班克斯、尼克·希林和安德鲁·富兰克林，以及在 Basic Books 出版公司的代理人 TJ·凯勒赫和拉拉·海默特。同样感谢莎拉·加布里埃尔，当我的脑子陷入一团迷雾的时候，她总能充当我的灯塔。此外，还要感谢杰森·格伦鲍姆、奥利弗·卡马乔和詹姆斯·艾伦·史密斯对我的爱。

第 5 章是献给格雷戈里·皮布尔斯的，他是如此为环面这个概念而感动。

最后我想感谢芝加哥 Travelle 餐厅的两位凯文，以及纳塔莉、斯拉娃、赖安和提姆，他们在我对书稿做最终修改的那段时间确保了我每天摄入足够的营养。感谢所有让这个世界更加灿烂的孩子，以及所有其他人。

我觉得这样的感谢应该能包含所有人了。